5G承载网技术及部署

贾如春 ◎ 总主编

冷 伟 彭光彬 ◎ 主 编

董 莉 李慧敏 张 迪 ◎ 副主编

U0285732

清华大学出版社

北京

内 容 简 介

本书从网络规划运维和教学实践的角度出发,系统地介绍5G网络架构的变化、对承载网的要求以及5G承载网的关键技术等内容。全书共7章,具体内容包括5G概述、5G网络架构及对承载网的要求、SPN及其关键技术、VPN及相关技术、SDN管控技术、高精度时间同步和IPv6技术、5G承载网的架构和部署等。全书重在整体架构的理解和重点技术的应用,引用了大量的真实网络部署方案,可以帮助读者快速掌握相关技术并与现网结合应用。

本书适合作为应用型本科院校和高职院校通信相关专业的教材,也可以作为华为5G承载网工程师(HCIA-5G-Bearer)认证的参考用书,还适合作为运营商网络运维人员、通信规划设计人员和广大通信技术爱好者的自学用书。

图书在版编目(CIP)数据

5G承载网技术及部署/贾如春总主编;冷伟,彭光彬主编. —北京:清华大学出版社,2024.5
ISBN 978-7-302-66254-9

Ⅰ.①5… Ⅱ.①贾… ②冷… ③彭… Ⅲ.①第五代移动通信系统 Ⅳ.①TN929.538

中国国家版本馆CIP数据核字(2024)第095618号

责任编辑:郭 赛 战晓雷
封面设计:杨玉兰
责任校对:徐俊伟
责任印制:杨 艳

出版发行:清华大学出版社
    网 址:https://www.tup.com.cn,https://www.wqxuetang.com
    地 址:北京清华大学学研大厦A座   邮 编:100084
    社 总 机:010-83470000   邮 购:010-62786544
    投稿与读者服务:010-62776969,c-service@tup.tsinghua.edu.cn
    质量反馈:010-62772015,zhiliang@tup.tsinghua.edu.cn
    课件下载:https://www.tup.com.cn,010-83470236
印 装 者:三河市铭诚印务有限公司
经 销:全国新华书店
开 本:185mm×260mm   印 张:13.25   字 数:330千字
版 次:2024年5月第1版   印 次:2024年5月第1次印刷
定 价:46.00元

产品编号:101398-01

前　言

党的二十大报告提出"实施科教兴国战略，强化现代化建设人才支撑"。深入实施人才强国战略，培养造就大批德才兼备的高素质人才，是国家和民族长远发展的大计。为贯彻落实党的二十大精神，筑牢政治思想之魂，编者在牢牢把握这个原则的基础上编写了本书。

通信技术是现代科学技术中最具活力、创造力和市场驱动力的技术之一。随着通信技术的发展，大量新应用、新趋势得以实现，通信技术从多个方面改变着生产、生活等社会的方方面面。当前，移动通信在经历了从 1G 到 4G 的大发展之后，进入了又一个具有划时代意义的阶段——5G。

相较于以前的移动通信技术，5G 从使用场景、性能和架构等方面发生了巨大的变化。国际电信联盟(ITU)将 5G 的应用定义为三大场景——eMBB(增强型移动宽带)、mMTC(海量机器类通信)及 uRLLC(高可靠低时延通信)，并提出 5G 的八大能力目标——10Gb/s 的峰值速率、100Mb/s 的用户体验速率、3 倍于 4G 的频谱效率、500km/h 的移动性、1ms 超低空口时延、每平方千米 10^6 个设备的连接密度、100 倍于 4G 的网络功耗效率和 $10(Mb/s)/m^2$ 的区域流量密度。

在这些需求的推动下，5G 网络架构在无线侧、核心网侧等都发生了变化：无线侧 BBU 被拆分为 CU 和 DU 两部分，传统的 RRU＋天线、BBU 的两级架构演变成 AAU、DU、CU 的三级架构；5G 核心网使用了 SBA 的概念，将网络功能定义为多个相对独立的服务模块，实现了 CP 和 UP 的分离。由此 5G 承载网也必须改变原有的架构和组网模式，以适应 5G 新架构的要求，同时产生对新技术的需求。

本书基于编者多年的网络规划和运维经验，完全从真实网络的规划、部署和运维角度出发，以全面的架构解析、详尽的技术配置、标准文件与网络实践相结合的方式进行编写。

全书以网络演进的变化、变化带来的要求、要求引出的新技术、新技术的特性与部署为主线，介绍 5G 承载网的架构、技术和部署方式。本书共 7 章，其中第 1、2 章全面介绍 5G 网络的特征、场景和架构的变化以及对承载网的具体要求；第 3～6 章详细介绍 5G 承载网的关键技术原理和实现；第 7 章结合工程实践介绍 5G 承载网的实现。

本书的编写基于网络实际，符合初学者的认知规律，贴近工程师的应用实践，有助于实现有效教学和高效指导。本书打破了传统的教材结构，将理论知识与网络实践相融合，突出了应用型教材的特征。

本书由多年从事通信工程领域研究且经验丰富的行业专家与任课老师共同编著而成，其中贾如春负责教材的设计与规划，冷伟、彭光彬、董莉、李慧敏、张迪等负责编写，韦泽训、李丽担任本书主审。

限于编者水平，书中难免会出现不妥之处，敬请读者批评指正。

编　者
2024 年 4 月

目　　录

第 1 章　5G 概 述

知识导读

5G,即第五代移动通信技术,是目前最先进的商用移动通信技术。国际电信联盟(International Telecommunication Union,ITU)定义了 5G 的八大能力目标,即 10Gb/s 的峰值速率、100Mb/s 的用户体验速率、3 倍于 4G 的频谱效率、500km/h 的移动性、1ms 超低空口时延、每平方千米 10^6 个设备的连接密度、100 倍于 4G 的网络功耗效率和 10(Mb/s)/m^2 的区域流量密度。5G 的超强通信能力使得它将不仅服务于人与人之间的通信,更将渗透到社会的各个领域中。

学习目标

- 了解 5G 的基本概念。
- 熟悉 5G 的应用场景。
- 了解 5G 标准的发展。

能力目标

- 掌握 5G 的技术特点。
- 掌握 5G 网络架构。
- 掌握 5G 承载网的组成。

1.1　5G 简介

移动通信是指通信的双方或多方中至少有一方可以在移动的状态下实现通信的方式。移动通信自出现以来,经历了 1G(模拟移动通信)、2G(数字蜂窝移动通信)、3G(宽带多媒体移动通信)和 4G(长期演进的移动通信技术)。随着移动互联业务的发展,巨量带宽应用、移动互联设备以及关键行业的可靠性应用需求的增加,传统移动通信网络已经不能完全满足信息化社会发展的需要,这些都在驱使人们追求功能更多样、性能更强大的新一代移动通信技术。

5G(The 5th Generation Mobile Communication Technology,第五代移动通信技术),是最新一代的数字蜂窝移动通信技术。与 4G 相比,5G 具有超高速率、超短时延、超大连接的技术特点,不仅可以进一步提升用户的网络体验,为移动终端带来更快的传输速度,同时还将满足未来万物互联的应用需求,赋予万物在线连接的能力。

1.2　5G 的应用场景和关键性能

国际电信联盟定义了 5G 的三大应用场景:eMBB(enhanced Mobile Broadband,增强型移动宽带)、mMTC(massive Machine Type of Communication,海量机器类通信)及

uRLLC(ultra Reliable & Low Latency Communication，高可靠低时延通信)，如图 1-1 所示。

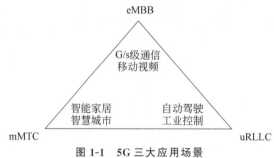

图 1-1　5G 三大应用场景

eMBB 场景主要提升以人为本的娱乐、社交等个人消费业务的通信体验，适用于高速率、大带宽的移动宽带业务。mMTC 和 uRLLC 则主要面向物物连接的应用场景，mMTC 主要满足海量物物连接的通信需求，面向以传感和数据采集为目标的应用场景；uRLLC 则基于 5G 低时延和高可靠的特点，主要满足垂直行业的特殊应用需求。

在 eMBB 场景中，主要是针对人与人、人与媒体的通信场景，核心是提升速率。5G 标准要求单个 5G 基站至少能支持 20Gb/s 的下行峰值速率以及 10Gb/s 的上行峰值速率，是 LTE-A 定义的 1Gb/s 的下行峰值速率和 500Mb/s 的上行峰值速率的 20 倍，适用于 4K/8K 分辨率的超高清视频、VR/AR、元宇宙等大流量应用。

在 mMTC 场景中，主要是针对人与物、物与物的互联场景，这种场景强调大规模的设备连接能力、处理能力以及低功耗能力，例如单扇区 10 万个连接、每平方千米 100 万个连接以及超长的电池续航，适用于智能抄表、物流等大规模物联网场景。

在 uRLLC 场景中，主要是针对工业生产和控制的应用场景，这种场景强调较低的时延和较高的可靠性两方面。例如，5G 空口时延必须低于 1ms，这不到 4G 时延的 1/10，这样才能应用于无人驾驶、智能生产控制等低时延应用。而且这些业务对差错的容忍度很低，要求网络通信全天候服务，适用于自动驾驶、远程医疗等场景。

面对多样化应用场景和差异化性能需求，5G 不能像传统的移动通信技术一样以单一技术为基础形成针对所有场景的解决方案。此外，当前无线技术创新也呈现多元化发展趋势，除了新型多址技术以外，大规模天线阵列、超密集组网、全频谱接入、新型网络架构、SDN（Software Defined Network，软件定义网络）、NFV（Network Function Virtualization，网络功能虚拟化）等也是 5G 的主要技术方向，均能够在 5G 的主要技术场景中发挥关键作用。

1.3　5G 标准的演进

作为新一代的移动通信技术，5G 远比前几代通信技术更复杂，要求更高，应用场景更多。5G 除了高速率外，还需要具备低时延、海量连接和高可靠等特性。为了实现这些要求，无线控制承载分离、无线网络虚拟化、增强 CRAN（Cloud-Radio Access Network，基于云计算的无线接入网）、边缘计算、多制式协作与融合、网络频谱共享、无线传输系统等大量技术被应用于 5G。不同运营商、不同应用场景对 5G 的要求也不同，在这种情况下，5G 的标准就是大量技术形成的集合。根据标准化组织 3GPP(3rd Generation Partnership Project，第三代合作伙伴计划)公布的 5G 网络标准制定过程，5G 目前比较清晰的标准演进分为 4 个阶段，而这 4 个阶段之后是 5G 的延续还是 6G，目前还未有定论。

第一阶段是启动 5G 计划，详细地对 5G 技术的实现方式、实现效果、实现指标进行了规划。在该阶段，5G 技术的主要标准有两个：SA(Stand Alone，独立组网)和 NSA(Non-Stand Alone，非独立组网)。3GPP 组织分别在 2017 年 12 月和 2018 年 6 月完成了 NSA 和 SA 标准的制定。2018 年 5 月 21—25 日，国际移动通信标准化组织在韩国釜山召开了 5G 第一阶段的标准制定的最后一场会议，确定了 R15 标准的全部内容。2018 年 6 月 14 日，3GPP 正式批准第五代移动通信系统独立组网标准冻结，意味着 5G 完成了第一阶段全功能标准化工作。

第二阶段启动 R16 为 5G 标准的第二个版本，主要是对 R15 标准的补充和完善。R16 版本计划于 2019 年 12 月完成，全面满足 eMBB、mMTC、uRLLC 等各种场景的需求，特别是解决后两种场景的一些关键技术问题。3GPP TSG(Technical Specification Group，技术规范组)第 88 次全体会议于 2020 年 7 月 3 日宣布冻结 5G R16 标准。

第三阶段，2019 年 12 月 3GPP RAN♯86 会议最终确定 R17 批准的内容，开始正式制定 R17 的规定，并于 2022 年 6 月冻结。R17 一方面聚焦于 R16 已有工作基础上的网络和业务能力的进一步增强，包括多天线技术、低延时高可靠、工业互联网、终端节能、定位和车联网技术等；另一方面也提出了一些新的业务和能力需求，包括覆盖增强、多播广播、面向应急通信和商业应用的终端直接通信、多 SIM 终端优化等。

第四阶段，3GPP 明确表示将有 R18 版本。从 R18 开始，将被视为 5G 的演进，命名为 5G-Advanced。3GPP 官网在 2021 年 5 月公布了一些正在讨论的 R18 版本早期阶段工作，增加了聚焦于网络切片接入和支持增强、5G 弹性授时系统、基于测距的服务、工业互联网场景的低功耗高精度定位、铁路指挥车站服务、网外铁路通信、支持触觉和多模态通信服务、车载 5G 中继、5G 智能电网通信基础设施、住宅 5G 增强功能、个人物联网、在 5G 系统中传输 AI/ML 模型的流量特性与性能需求等。总的来看，R18 将向能源、交通、制造、媒体、医疗等垂直领域持续迈进。

1.4　5G 网络架构

要实现 5G 的应用，首先需要建设和部署 5G 网络。5G 网络分为 5G 无线接入网(Radio Access Network，RAN)、承载网、核心网(Core)，如图 1-2 所示。

5G 标准提出了 5G 网络的 5G RAN 和 5G 核心网的新架构，与 4G 网络有较大的区别。5G RAN 的功能划分及部署方式对承载网的架构将产生较大影响，而 5G 的三大应用场景对网络性能的极端差异化需求不仅推动了核心网切片及分布式部署，也对承载网的架构和性能有较大影响。

1. 无线接入网

无线接入网是移动通信系统中为移动终端提供无线接入的网络。5G RAN 是 5G 的无线接入网，又称 NG RAN(New Generation RAN，新一代 RAN)。

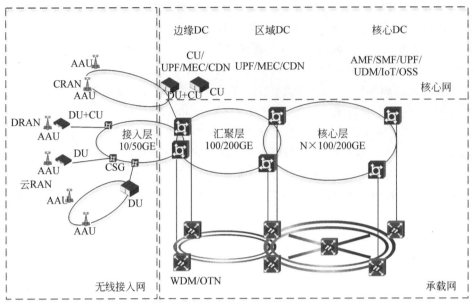

图 1-2　5G 网络架构

NG RAN 只包含一种网元——基站,5G 基站也称为 gNodeB(简称 gNB)。NG RAN 就是通过一组 NG 接口连接到 5G 核心网的 gNB 组成的。相比于 4G 基站,5G 基站发生了较大的变化,不再分为 BBU(Building Baseband Unit,室内基带单元)、RRU(Remote Radio Unit,远端射频单元)和天线,而是被重构为 3 个功能实体:CU(Centralized baseband Unit,集中基带单元,处理对时延不敏感的非实时基带数字信号,如小区负载控制)、DU(Distributed radio Unit,分布式基带单元,处理对时延敏感的实时基带数字信号,如无线资源分配)和 AAU(Active Antenna Unit,有源天线单元,部分 BBU 物理层处理功能与原 RRU 及无源天线的组合)。CU 与 DU 作为无线侧逻辑功能节点,可以映射到不同的物理设备上,也可以映射为同一物理实体。5G RAN 有灵活的部署方式,如图 1-3 所示。

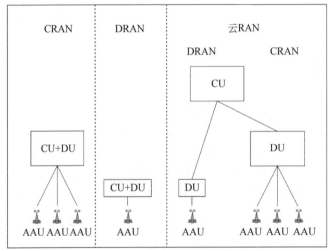

图 1-3　5G RAN 部署方式

（1）CU/DU 共硬件部署放在 BBU 盒子里,多个 BBU 盒子集中部署,与传统 4G 宏基站 CRAN 部署方式一致。

（2）CU/DU 共硬件部署放在 BBU 盒子里并与 AAU 共站,与传统 4G 宏基站 DRAN 部署方式一致。

（3）CU/DU 分离,CU 集中部署在综合接入机房,可以通过云化方式实现,这就是所谓的云 RAN(Cloud RAN),DU 部署在站点接入机房,这形成了云 RAN 下的 DRAN。

（4）CU 和 DU 分离,CU 在更高层次集中,可以通过云化方式实现,也是云 RAN,DU 集中部署,这形成了云 RAN 下的 CRAN。

总体来看,5G RAN 实现了 BBU 拆分,将原有天线＋BBU 的二级架构变成 AAU＋DU＋CU 的三级架构。4 种部署方式使得 5G RAN 可以灵活部署。

在图 1-3 中,CRAN 模式可利用现有 4G 网络的站址、天面、机房、电源、传输等配套资源,可实现快速部署,是 5G RAN 建设初期主要采用的方式。

云 RAN 方式中的 DU 可以池化部署在同一机房,也可以采用虚拟化技术实现资源共享和动态调度,便于提高跨基站协同效率。但是 CU/DU 分离产生了中传的承载需求,DU 集中部署将消耗大量的传输资源实现前传,这加大了网络建设难度,不利于快速部署。

2. 核心网

5G 核心网由 AMF、UPF 和 SMF 等组成,负责提供整个网络所需的核心功能,包括安全、鉴权、计费、端到端连接和转发以及针对不同场景的策略控制[如速率控制、计费控制、QoS(Quality of Service,服务质量)]等。图 1-4 为 5G 核心网架构。其中的 Nxxx(例如 Nnssf)的含义见 2.2.1 节。

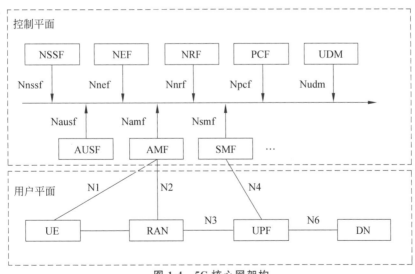

图 1-4　5G 核心网架构

在 5G 核心网用户平面中,UE 为用户设备(User Equipment),DN 为数据网络(Data Network)。

5G 核心网各模块功能如表 1-1 所示。

表 1-1　5G 核心网各模块功能

网络模块	中英文全称	功　能
UPF	用户平面功能 User Plane Function	分组路由转发、策略实施、流量报告、QoS 处理等
AMF	接入及移动性管理功能 Access and Mobility Management Function	执行注册、连接、可达性、移动性管理，为用户设备和 SMF 提供会话管理消息传输通道，为用户接入提供认证、鉴权功能，是终端和无线设备的核心网接入控制点
SMF	会话管理功能 Session Management Function	负责隧道维护、IP 地址分配和管理、用户面功能选择策略实施以及 QoS 中的控制、计费数据采集、漫游等
AUSF	认证服务器功能 Authentication Server Function	实现 3GPP 和非 3GPP 的认证接入
NSSF	网络切片选择功能 Network Slice Selection Function	根据 UE 的切片选择辅助信息、签约信息等确定 UE 允许接入的网络切片实例
NEF	网络开放功能 Network Exposure Function	开放各网络功能的能力，转换内外部信息
NRF	网络仓库功能 Network Repository Function	提供注册和发现网络功能，使网络功能相互发现并通过 API 进行通信
PCF	策略控制功能 Policy Control Function	统一的策略框架，提供控制平面功能的策略规则
UDM	统一数据管理功能 Unified Data Management	3GPP AKA 认证、用户识别、访问授权、注册、移动、订阅、短信管理等

传统网络的核心网设备一般放置在中心机房中。但随着 5G 业务和应用场景的变化，受业务发展的驱动，5G 核心网进行了网络重构，相比于 4G 核心网，架构发生了一些变化。根据业务的不同需求，5G 核心网采用转发与控制分离的原则重构，将控制平面功能(Control Plane Function，CPF)和用户平面功能(User Plane Function，UPF)分离，在省会、地市、区县等建立数据中心(Data Center，DC)，实现 5G 核心网分布式部署。统一的 CPF(包括接入和移动管理功能以及会话管理功能等)部署在省会或大区的核心机房或数据中心，实现集中管控运营；分布式的 UPF 可根据业务需要分布式部署在省会(称为核心 DC)、地市(称为区域 DC)或者区县(称为边缘 DC)。部署在边缘 DC 的 UPF 将会与移动边缘计算(Mobile Edge Computing，MEC)融合，处理低时延业务需求。5G 核心网分布式部署架构如图 1-5 所示。

3. 承载网

承载网的主要功能是实现基站之间、基站与核心网之间、核心网内部网元之间的连接，提供数据转发功能，保证数据转发的时延、速率、误码率、可靠性等指标满足相关要求。

从物理连接层次划分，5G 承载网分为被分为前传网、中传网和回传网，如图 1-6 所示。其中，前传(fronthaul)网是 AAU 连接 DU 的部分，中传(widdlehaul)网是 DU 连接 CU 的部分，而回传(backhaul)网是 CU 与核心网之间的部分。相比于 4G 等传统网络，中传是 5G 阶段 CU/DU 分离部署之后出现的。

从逻辑层次划分，承载网被分为管理平面、控制平面和转发平面 3 个逻辑平面。其中，管理平面完成承载网控制器对承载网设备的基本管理功能，控制平面完成承载网转发路径(即业务隧道)的规划和控制功能，转发平面完成基站之间、基站与核心网之间用户报文的转发功能。

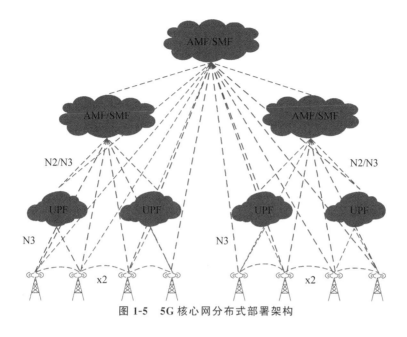

图 1-5　5G核心网分布式部署架构

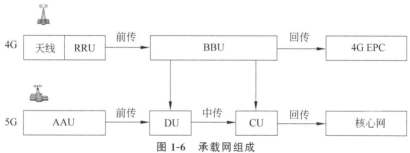

图 1-6　承载网组成

5G承载网在实际运维中习惯上称为5G传输网。国内三大运营商的技术路线选择不同,中国移动选择了SPN(Secret Private Network,加密虚拟网络),中国电信选择了STN(Spatial Transformer Network,空间变换网络),而中国联通选择了智能城域网络。无论哪一种技术路线,其功能和架构都要满足5G无线网络及核心网架构需求。本书以SPN为主介绍5G承载网的特性需求、关键技术和部署。

重点小结

ITU定义了5G的三大应用场景,即eMBB(增强型移动宽带)、mMTC(海量机器类通信)和uRLLC(高可靠低时延通信)。eMBB主要提升个人消费业务的通信体验,核心是提升速率,5G标准要求单基站至少能支持20Gb/s的下行峰值速率以及10Gb/s的上行峰值速率;mMTC主要面对万物互联场景,核心是提供大规模的设备接入、处理和低功耗能力,要求5G网络能提供单扇区10万个连接、每平方千米100万个连接和超长电池巡航能力;uRLLC主要针对工业生产和控制场景,核心是提供较低的时延和较高的可靠性,5G空口时延必须低于1ms,要求提供全天候通信服务。

5G标准演进经历了4个阶段。第一阶段,启动了5G计划,描述了5G的实现方式、效果和指标。3GPP 于 2018 年 6 月 14 日正式冻结第五代移动通信系统独立组网标准 5G R15,意味着 5G 完成了第一阶段全功能标准化工作。第二阶段的 5G R16 标准是对 5G R15 的补充和完善,全面满足了 eMBB、mMTC、uRLLC 等各种场景的需求,特别是解决了后两种场景的一些关键技术问题,于 2020 年 7 月 3 日冻结。第三阶段的 5G R17 于 2022 年 6 月冻结,聚焦于 5G R16 网络和业务能力的进一步增强,提出了新的业务和能力需求。第四阶段的 5G R18 全部协议配置预计于 2024 年 3 月冻结,被视为 5G 的演进(命名为 5G Advance),将向能源、交通、制造、媒体、医疗等垂直领域持续迈进。

5G 网络的架构分为 5G RAN、5G 承载网和 5G 核心网。三大应用场景对网络性能的极端差异化需求推动了 5G 网络架构的变化,5G 网络架构功能的重新划分和部署推动了 5G 核心网切片和分布式部署,对 5G 承载网产生了较大影响。

习题与思考

某通信设计院 5G 网络方案建议书需要考虑覆盖场景、业务模型、无线网络覆盖方式、承载网架构、核心网部署方式等。

(1)覆盖示意图是根据目标区域画出的覆盖效果图,展示区域覆盖范围和能提供的假设业务类型。请根据客户覆盖需求画出覆盖示意图。

(2)根据 5G 架构,以目标覆盖区为无线站点架设区,以运营商核心机房为核心网部署位置,利用承载网实现无线站点到核心机房的网络连接,画出组网示意图。

任务拓展

某通信设计院为运营商做 5G 咨询,请为 5G 网络方案建议书绘制网络架构图:

(1)根据场景(商圈、学校、园区等)绘制覆盖示意图。

(2)画出无线接入网、核心网、承载网的组网示意图。

学习成果达成与测评

项目名称		绘制 5G 网络架构图		学时	2	学分	0.1
职业技能等级		中级	职业能力	网络 5G 架构分析		子任务数	5 个
子任务	序号	评价内容	评价标准				分数
	1	5G 的应用场景和关键性能	能够详细描述 5G 技术的三大应用场景和关键网络性能				
	2	5G 移动通信系统架构	能够概括性地绘制 5G 网络的架构				
	3	5G RAN 的组成和部署方式	能够简要描述 5G RAN 的 3 个组成部分以及几种部署方式和特点并绘图体现				
	4	从物理层划分 5G 承载网	能够说明 5G 承载网物理连接层次划分的 3 个部分并绘图体现				
	5	5G 核心网功能模块组成及分布式部署架构	能够简要描述 5G 核心网分布式部署架构并绘图体现				
考核评价	项目整体分数（以上 5 项评价内容分值依次为 1、2、3、3、1）						
	指导教师评语						
备注	奖励： 1. 按照完成质量给予相应分值，额外加分不超过 5 分。 2. 任务实施报告内容准确全面、格式正确、完成及时、条理清楚、文本流畅，每项加 1 分。 3. 巩固提升任务完成情况优秀，额外加 2 分。 惩罚： 1. 完成任务超过规定时间扣 2 分。 2. 任务实施报告编写不规范扣 2 分。 3. 部分抄袭扣 5 分，全部抄袭扣 10 分。						

学习成果实施报告书

题目：绘制 5G RAN 部署及承载网组成图

班级：   姓名：   学号：

任务实施报告

　　简要记述完成任务过程中的各项工作，描述任务分析以及实施过程、遇到的重难点以及解决过程，总结 5G 网络架构绘图技巧等，要求不少于 500 字。

考核评价(10 分制)	
教师评语：	态度分数：
	工作量分数：
考核评价规则	

1. 任务完成及时。
2. 操作规范。
3. 实施报告书内容准确全面、格式正确、条理清晰、文字流畅、逻辑性强。
4. 没有完成工作不能获得相应分值。抄袭扣 5～10 分。

第 2 章　5G 网络架构及对承载网的要求

知识导读

5G 相比于 4G 等传统移动通信网络发生了以下变化：

- 在 5G RAN 侧，BBU 被拆分为 CU 和 DU 两部分，RRU 与天线合并为 AAU，将传统的 RRU＋天线、BBU 的两级架构演变成 AAU、DU、CU 的三级架构。
- 在 5G 核心网侧，使用了 SBA（Service Based Architecture，基于服务的架构）概念，将网络功能定义为多个相对独立可被灵活调用的服务模块，实现了 CP（Control Plane，控制平面）和 UP（User Plane，用户平面）的分离，允许独立扩展、演进和灵活部署。5G 的新特性主要体现在以下几方面：AMF 与 SMF 分离，AMF 和 SMF 可分层级部署；承载与控制分离，UPF 和 SMF 的部署能够按层级分开；AMF 和 UPF 可根据业务需求、信令和话务流量以及传输资源灵活部署；网元功能模块化解耦。

新的架构使得 5G RAN 和 5G 核心网具备更多部署形态，这对 5G 承载网的组网和技术特性提出了新的要求。本章将介绍 5G 网络架构及相应的承载网解决方案，并介绍 5G 承载网的关键技术需求。

学习目标

- 熟悉 5G RAN、5G 核心网的架构。
- 掌握 5G RAN 部署形态 DRAN、CRAN、云 RAN 等的定义、区别及要求。
- 了解 5G 核心网的 SA 和 NSA 组网。
- 掌握 5G RAN 新架构对承载网的要求。
- 掌握 5G 核心网与承载网的接口。

能力目标

- 熟悉 DU、CU 的功能区分。
- 掌握 DRAN、CRAN、云 RAN 等部署方式。
- 熟悉 SA、NSA 组网模式的区别。
- 熟悉 AMF、UPF、SMP 等功能。
- 掌握承载网前传、中传、回传解决方案架构。

2.1　5G RAN 的架构与部署

2.1.1　传统无线接入网

在 4G 等传统的网络中，无线接入网基本上完成了向分布式基站的转变。传统分布式基站主要由 BBU、RRU 和天线组成，如图 2-1 所示。

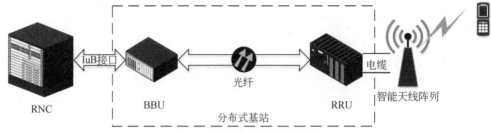

图 2-1　传统分布式基站架构

BBU(室内基带单元)完成空口的基带处理(编码、复用、调制和扩频等)、与核心网的接口、信令处理以及本地和远程监控维护等功能。

RRU(远端射频单元)包括中频处理、收发信机、功放和滤波模块。中频处理完成光传输的调制解调、数字上下变频、A/D 转换等,收发信机完成中频信号到射频信号的变换,再经过功放和滤波,将射频信号通过天线发射出去。

RNC(Radio Network Controller,无线网络控制器)是无线接入网络的重要组成部分,负责移动性管理、呼叫处理、链路管理和切换机制。

BBU 一般放置在站点机房中,RNC 集中部署在运营商汇聚节点机房,而 RRU 则与天线共址挂高。BBU 与 RRU 之间的 CPRI(Common Public Radio Interface,通用公共无线接口)采用光纤连接,RRU 再通过同轴电缆及功分器(耦合器)等连接至天线。

2.1.2　5G RAN 的重构

随着 5G 网络的建设,整个移动通信系统已经演变成 2G/3G/4G/5G 多制式并存的复杂组网形态。各种制式对无线频谱的占用并不连续,可供 5G 等新技术使用的无线频段呈现出离散化、高频化特点。为满足各种覆盖场景需求,除了单个制式的移动通信网络,又存在宏基站、微基站、室内分布系统等混合组网的异构网络。种种复杂情况使新的移动通信系统规划更加复杂,建设与运维难度更大。

5G 网络是面向多行业、低时延、多连接等应用场景需求的新一代移动通信技术,需要提供网络切片、低时延组网等网络特性。传统的无线接入网架构部署已经不能完全满足新业务场景的特性需求,5G 无线接入网需要进行网络重构,以形成一个敏捷高效、组网灵活、统一管理的新架构,即 CU/DU 分离的架构,如图 2-2 所示。

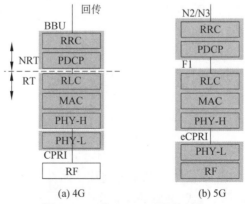

图 2-2　4G 和 5G RAN 架构对比

CU/DU 分离的中心思想是：将 BBU 的空中接口协议栈分割成实时（Real Time，RT）处理部分和非实时（Non Real Time，NRT）处理部分，其中，实时处理部分由 DU 负责，非实时处理部分由 CU 负责。CU 与 DU 之间形成了新的接口——F1（中传）接口，该接口的承载采取以太网传输方案。

CU 是集中式单元。在 5G RAN 内部则可以控制和协调多个 DU，上行与 5G 核心网相连，包含协议栈高层控制和数据功能，涉及的主要协议层包括控制平面的 RRC（Radio Resource Control，无线资源控制）功能和用户平面的 PDCP（Packet Data Convergence Protocol，分组数据汇聚协议）子层功能。

DU 是分布式单元。广义上，DU 实现射频处理功能和 RLC（Radio Link Control，无线链路层控制）、MAC（Media Access Control，介质访问控制）以及 PHY-H（Physical High，物理层非实时部分）等基带处理功能；狭义上，基于实际设备的实现，DU 仅负责基带处理功能，AAU（有源天线单元）负责 PHY-L（Physical Low，物理层实时部分）、RF（Radio Frequency，射频）功能，DU 和 AAU 之间通过 CPRI 或 eCPRI（enhanced CPRI，增强通用公共无线接口）相连。

5G 采用这种分离架构，从硬件实现上看，就是将 4G 等传统架构中的 BBU 重构为 CU 和 DU 两个功能实体，可以由独立的硬件实现；从功能上看，一部分核心网功能可以下移到 CU 甚至 DU 中，用于实现移动边缘计算。此外，原先所有的 L1、L2、L3 等功能都由 BBU 实现，新的架构下将 L1、L2、L3 功能分别放在 CU 和 DU 甚至 AAU 中实现，以便灵活地应对传输和业务需求的变化。

采用 CU/DU 分离的架构，可以按照不同场景的需求来配置网络，可以根据设施条件将 CU/DU 部署在不同的位置，可以实现小区间协作调度资源、集中负载管理以及高效实现密集组网下的集中控制，可以实现性能和负载管理的协调、实时性能优化并使用 NFV/SDN（网络功能虚拟化/软件定义网络）等功能。

2.1.3　5G RAN 的部署

5G RAN 引入了 CU/DU 分离，提高了组网的灵活性，针对不同业务场景和网络建设及发展的不同阶段，CU/DU 可以分离或集中部署在网络的不同位置。这种改变也将无线承载网划分为前传（RRU 与 DU 之间的连接）、中传（DU 与 CU 之间的连接）、回传（CU 与核心网之间的连接）。

DU 可以部署在承载网的接入机房，这种方式与 4G 的 BBU 部署情况相似；也可以集中部署，放置在综合业务接入机房。

CU 可以与 DU 合设，部署在承载网接入机房，也可以单独部署在综合业务接入机房或汇聚层中心机房。但是，部署层次越高，可连接的 DU 越多，系统可获得的无线资源越多，可协调调度的资源越多，CU 容量越大，回传接口的带宽越大；同时 CU 与 DU 之间的传输距离越远，传输资源消耗越多，传输时延越大。对于 uRLLC 等时延敏感的业务场景，需要将 CU 尽量下沉并靠近 DU 部署。5G RAN 的部署方案如图 2-3 所示。

根据 CU 与 DU 集中或分离以及 CU 集中部署的位置，5G RAN 的部署大致分为 4 种模式：

（1）CU 与 DU 合设，放置在接入机房。CU 和 DU 都放在 BBU 盒子中与 AAU 共站部

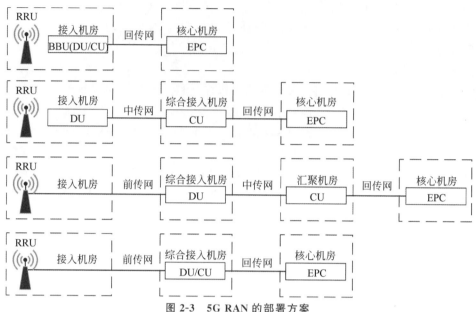

图 2-3　5G RAN 的部署方案

署,这种模式与 4G 传统宏站部署方式一致,就是 BBU(含 CU 和 DU)＋AAU 的模式,称为 DRAN 模式,基带和射频模块分离布放。使用 4G 基站的站址、电源、天面、传输等资源,可以快速部署。由于 CU 与 DU 合设,中传站内连接,AAU 与 DU 之间一般采用光纤直连,CU 到核心网的回传需求可采用部分微波＋光承载网或全程光承载网等实现。

(2) CU 与 DU 分设,DU 放置在站点接入机房,CU 部分集中部署。这种模式下,CU 部分集中部署在综合接入机房,可以通过云化方式实现,这就是云 RAN。可将 DU 与 4G BBU 共站放置在站点,这就形成了云 RAN 下的 DRAN 方式。这种模式形成了 DU 与 CU 之间的中传接口,需要承载网的连接。

(3) CU 与 DU 分设,DU 集中部署在综合接入机房,CU 在更高层次集中部署在汇聚机房。

这种模式下,CU 在更高层次集中部署,可以通过云化方式实现,也是云 RAN;DU 集中部署,这就形成了云 RAN 下的 CRAN 方式。DU 集中带来资源协调的优势,但是中传容量更大,对承载网带宽、可靠性要求更高,传输距离远,时延大。

(4) CU 与 DU 合设,集中部署在综合接入机房。CU 和 DU 都放置在 BBU 盒子中,多个 BBU 集中堆放,这种模式类似 4G 的 CRAN 方式,可以与 4G 共站部署,使用 4G 基站的站址、电源、天面、传输等资源,可实现快速部署。站点安放 AAU,CU/DU 在几千米至十几千米外集中放置,前传所需的传输资源较多,但集中放置节约空间和机房设施,能实现资源的共享和协同调度,所以是 5G 建网初期建议选择的部署方式。

云 RAN 架构将大大提升无线接入网的协同程度和资源弹性,便于集中调度、统一管理、集中运维和实现 SDN,但是云 RAN 存在中传资源需求大和部署进度慢、云化实现和短期部署困难的问题。目前国内运营商 5G 建设主要采用第一种模式。

2.2 5G 核心网的架构与部署

2.2.1 5G 核心网的架构

1. 5G 核心网的重构

相比于 2G/3G/4G,5G 核心网架构的网络逻辑结构发生了较大改变。5G 网络采用了开放的基于服务的架构(SBA),NF(Network Function,网络功能)以服务的方式呈现,任何其余 NF 或者应用均可以经过标准规范的接口访问该 NF 提供的服务。

3GPP 规定了 5G 核心网最基本的网络架构——基于服务接口(Service Based Interface,SBI)的非漫游网络架构,如图 2-4 所示。

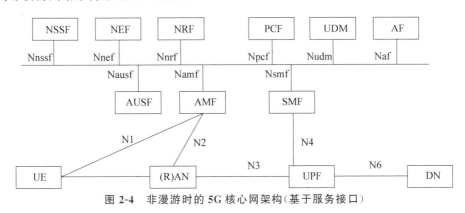

图 2-4 非漫游时的 5G 核心网架构(基于服务接口)

非漫游时的 5G 核心网架构采用基于服务接口的表现形式,即 SBA。图 2-4 中的 Nxxx(例如 Nnssf)就是 SBI,采用 HTTP/TCP。

基于服务的架构在控制平面采用 API 能力开放形式进行信令的传输。在传统的信令流程中,一些消息在不同的流程中都会出现,将相同或类似的消息提取出来,以 API 能力调用的形式封装起来,供其他网元进行访问。基于服务的架构摈弃了隧道创建的模式,主要采用 HTTP 完成信令交互。

与传统的核心网架构不同,5G 核心网实现了控制平面与媒体平面分离以及移动性管理和会话管理解耦。核心网不感知接入方式,各类接入方式都经过统一的机制接入网络,例如,非 3GPP 方式也经过统一的 N2/N3 接口接入 5G 核心网,3GPP 和非 3GPP 统一认证,等等。

5G 核心网架构还有一种基于参考点(reference point)的表现形式,如图 2-5 所示,是传统的点到点架构表现形式。

基于参考点的架构形式更好地体现了各 NF 之间以及 NF 对外的交互关系。

5G 网络架构借鉴了 IT 系统服务化和微服务化架构的成功经验,经过模块化实现了网络功能间的解耦和整合,解耦后的网络功能可独立扩容、独立演进、按需部署;控制平面全部 NF 之间的交互采用服务化接口,同一种服务能够被多种 NF 调用,降低了 NF 之间接口定义的耦合度,最终实现了整网功能的按需定制,灵活支持多种业务场景和需求。

2. 5G 核心网的网络功能

5G 核心网系统架构主要由 NF 组成,分布式的功能根据实际需要部署,新功能的加入、

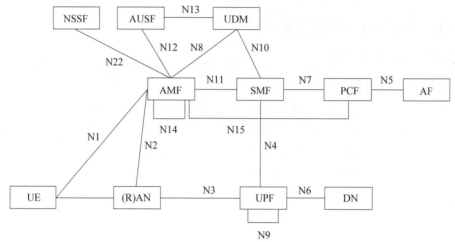

图 2-5　非漫游时的 5G 核心网架构（基于参考点）

升级、撤出不影响整体网络的功能。

1）AMF（接入和移动性管理功能）

AMF 主要包括如下功能：

（1）终止 RAN CP 接口（N2）。

（2）终止 NAS（Non-Access-Stratum，非接入层）（N1），NAS 加密和完整性保护。

（3）进行注册管理、链接管理、可达性管理和流动性管理。

（4）合法拦截（根据法律规定在运营网络中对特定目标的流量和通信系统中的相关信息的拦截）。

（5）为 UE 和 SMF 之间的会话管理消息提供传输，用于路由 SM 的透明代理。

（6）接入身份验证和接入授权。

（7）在 UE 和 SMSF（Short Message Service Function，短消息服务功能）之间提供 SMS（短消息服务）消息的传输。

（8）安全锚功能。

（9）监督服务的定位服务管理。

（10）为 UE 和 LMF（Location Management Function，位置管理功能）之间以及 RAN 和 LMF 之间的位置服务消息提供传输。

（11）用于与 EPS（Evolved Packet System，演进分组系统）互通时分配 EPS 承载 ID。

（12）UE 移动时间通知。

AMF 类似于 4G 的 MME 实体。

2）SMF（会话管理功能）

SMF 的主要功能如下：

（1）NAS 消息的 SM 消息的终节点。

（2）会话的创建、修改、释放。

（3）UE IP 地址的分配和管理。

（4）DHCP 功能。

（5）ARP 代理或 IPv6 邻居请求代理（Ethernet PDU 场景下）。

（6）为一个会话选择和控制 UPF。

（7）计费数据的收集以及支持计费接口。

（8）决定一个会话的 SSC 模式。

（9）下行数据指示。

SMF 类似于 4G 的 MME、SGW、PGW 中的会话管理等控制平面功能。

3）UPF（用户平面功能）

UPF 主要负责数据包的路由转发/QoS 流映射，类似于 4G 的 GW（SGW+PGW）。

4）UDM（统一数据管理）

UDM 的主要功能如下：

（1）产生 3GPP 鉴权证书/鉴权参数。

（2）存储和管理 5G 系统的用户永久标识符（Subscriber Permanent Identifier，SUPI）。

（3）订阅信息管理。

（4）MT-SMS 递交。

（5）SMS 管理。

（6）用户的服务网元注册管理（例如当前为终端提供业务的 AMF、SMF 等）。

UDM 包括 UDR（Unified Data Repository，统一数据存储库）功能。

UDR 的功能如下：

（1）UDM 存储订阅数据或读取订阅数据。

（2）PCF 存储策略数据或者读取策略数据。

（3）存储开放的数据或者读取用于开放的数据。

（4）NEF 应用数据，包括用于检测的分组流描述（Packet Flow Description，PFD），以及用于多个 UE 的 AF 请求信息等。

UDR 和访问它的 NF 具备相同的 PLMN（Public Land Mobile Network，公共陆地移动网络），也就是在同一个网络中，即 Nudr 接口是一个 PLMN 内部接口。可选择 UDR 与 UDSF 一起部署。

UDSF（Unstructured Data Storage Function，非结构化数据存储功能）存储特定 NF 的非结构化数据，例如 AMF 和 SMF 使用的会话 ID/状态数据，是 5G 系统的可选功能模块。

5）PCF（策略控制功能）

PCF 支持以统一的策略框架管理网络行为，提供策略规则给网络实体实施执行，访问统一数据仓库（Unified Data Repository，UDR）的订阅信息，PCF 只能访问和其在相同 PLMN 中的 UDR。

6）AUSF（认证服务器功能）

AUSF 支持 3GPP 接入的鉴权和不受信任的非 3GPP 接入的鉴权。

7）NEF（Network Exposure Function，网络暴露功能）

3GPP 的网元都是经过 NEF 将其能力暴露给其他网元的。NEF 将相关信息存储到 NDR 中，也能够从 NDR 中获取相关的信息，NEF 只能访问和其在相同 PLMN 中的 NDR。NEF 提供相应的安全保障以保证外部应用到 3GPP 网络的安全。3GPP 内部和外部相关信息的转换，例如 AF-Service-Identifier 和 5G 核心网内部的 DNN、S-NSSAI 等的转换，特别是网络和用户敏感信息，须要对外部网元隐藏。

8）NSSF（网络切片选择功能）

NSSF 选择为 UE 提供服务的网络切片实例集，确定允许的 NSSAI（Network Slice Selection Assistance Information，网络切片选择辅助信息）并在必要时确定到用户的 S-NSSAI（Single Network Slice Selection Assistance Information，单一网络切片选择辅助信息）参数映射，确定已配置的 NSSAI 并在需要时确定到用户的 S-NSSAI 的映射，确定 AMF 集用于服务 UE 或者基于配置通过查询 NRF 确定候选 AMF 列表。

9）NRF（NF Repository Function，网络仓库功能）

NRF 支持业务发现功能，也就是接收网元发过来的网络功能发现请求（NF-Discovery-Request），而后提供发现的网元信息给请求方。NRF 还能维护可用网元实例的特征和其支持的业务能力。

一个网元的特征参数主要有网元实例 ID、网元类型、PLMN、网络分片的相关 ID（如 S-NSSAI、NSI ID）、网元的 IP 地址或者域名、网元的能力信息、支持的业务能力名字等。

NRF 支持的主要功能如下：

（1）网络功能服务的自动注册、更新或去注册。每一个网络功能服务在上电时会自动向 NRF 注册本服务的 IP 地址、域名、支持的能力等相关信息，在信息变动后自动同步到 NRF，在下电时向 NRF 进行去注册。NRF 要维护整个网络内全部网络功能服务的实时信息，如一个网络功能服务实时仓库。

（2）网络功能服务的自动发现和选择。在 5G 核心网中，每一个网络功能服务都会经过 NRF 寻找合适的对端服务，而不是依赖于本地配置方式固化通信对端。NRF 会根据当前信息向请求者返回对应的响应者网络功能服务列表，供请求者进行选择。这种方式类似于 DNS 机制，从而实现网络功能服务的自动发现和选择。

（3）网络功能服务的状态检测。NRF 能够与各网络功能服务之间进行双向按期状态检测，当某个网络功能服务异常时，NRF 将异常状态通知与其相关的网络功能服务。

（4）网络功能服务的认证授权。NRF 作为管理类网络功能，具备网络安全机制，以防止被非法网络功能服务劫持业务。

10）AF（Application Function，应用功能）

AF 根据应用流程合理选择流量路径，利用网络开放功能访问网络，根据业务调整控制策略框架，基于运营商要求部署允许运营商信任的应用功能直接与相关网络功能进行交互。

应用流程不允许直接使用接入的网络功能，而是通过 NEF 使用外部展示框架与相关的网络功能进行交互。

2.2.2 5G 核心网的部署

1. CP/UP 分离部署

控制平面与用户平面分离（Control and User Plane Separation，CUPS）是移动通信核心网演进的一贯思路。

3G 将 2G 语音网络的 MSC（Mobile Switching Center，移动业务交换中心）分离为控制平面的 MSS 和用户平面的 MGW；4G 将 3G 核心网的 SGSN 分离为控制平面的 MME 和用户平面的 SGW。5G 网络架构继承了 4G 核心网 CUPS 架构，进一步将控制平面与用户平面分离，以减少流量迂回带来的网络时延，是 5G 网络实现低时延的主要技术之一。

在 4G 网络 3GPP R14 标准中定义了 CUPS 架构,将 SGW(Serving Gateway,服务网关)和 PGW(Packet Data Network Gateway,分组数据网络网关,也称边界网关)网络功能分离为 SGW-C 和 PGW-C、SGW-U 和 PGW-U,前者负责处理信令业务,后者则部署在更接近网络边缘的地方执行用户平面的 SDF(Service Data Flow,服务数据流)以及流量聚合,以达到提高带宽效率、减少网络阻塞的效果,如图 2-6 所示。

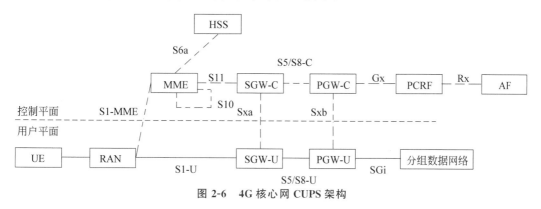

图 2-6　4G 核心网 CUPS 架构

5G 核心网通过 SBA 等技术彻底将控制平面和用户平面分离,控制平面功能由多个 NF 承载,用户平面功能由 UPF 承载,如图 2-7 所示。UPF 作为独立个体,既可以灵活部署于核心网,也可以部署于更靠近用户的无线接入网。

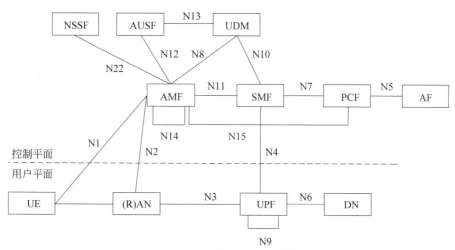

图 2-7　5G 核心网 CUPS 架构

在图 2-7 中,用户平面(UPF)仅负责传输数据包,控制平面(例如 AMF)仅负责处理接入和移动性管理。这种控制平面和用户平面分离的架构允许分别增强控制平面功能和用户平面功能,更重要的是,可以将 UPF 下沉到离用户更近的地方,从而大幅降低网络的时延。

CUPS 架构为 5G 核心网带来了以下特征:

(1)网络部署更加灵活,控制平面、用户平面分别部署并独立建设,可以按需分别扩容。

(2)业务时延降低,用户平面设备可以靠近无线侧部署,用户就近转出移动网络接入业务,缩短路径,降低时延。

(3)网络升级、演进简单,控制平面和用户平面可以独立演进发展。

2. NSA/SA 组网

5G 网络在演进过程中诞生了多种组网方案。诸多方案主要可以分为两种组网类型，一种是 NSA 组网，另一种是 SA 组网。

5G NSA(非独立)组网是一种保留现有 4G 接入并新增 5G 接入的组网方案，它利用现有的 4G 基础设施进行 5G 网络的部署。在 NSA 组网方案中，用户终端可以同时连接到 4G 和 5G 基站。其中一个基站为主站，负责转发信令；另一个基站为辅站，负责转发用户数据。5G 控制信令锚定在 LTE 基站上，通过 LTE 基站接入 EPC 或 5G 核心网，其目的是借助 4G 广覆盖提供更加稳定的 5G 控制连接，5G 空口只承载用户数据。

5G SA(独立)组网方案中的基站是 5G 基站，核心网是 5G 核心网，5G 基站直接接入 5G 核心网，5G 控制信令和用户数据均独立于 LTE 网络，不需要其他网络基站的辅助。

所以，NSA 组网是 4G 网络平滑演进到 5G 网络的中间方案，是 4G 接入和 5G 接入相互辅助的解决方案，能够依赖 4G 的覆盖快速部署，保护运营商在 4G 网络中的投资；而 SA 组网支持独立、完整的 5G 无线接入网和核心网功能，可以提供更加丰富的网络能力和业务能力，灵活适用于 eMBB、mMTC、uRLLC 等多种应用场景，并进一步支持垂直行业的差异化需求，因此是 5G 成熟阶段的最佳选择，是 5G 的最终组网方案。

在 2016 年 6 月制定的标准中，3GPP 共列举了 Option1、Option2、Option3/3a、Option4/4a、Option5、Option6、Option7/7a、Option8/8a 共 8 种 5G 架构选项。其中，Option1、Option2、Option5、Option6 属于 SA 组网方案，其余属于 NSA 组网方案。

3GPP 在 2017 年 3 月发布的标准版本中，优选了 Option2、Option3/3a/3x、Option4/4a、Option5、Option7/7a/7x 共 5 种 5G 架构选项(并同时增加了 3x 和 7x 两个子选项)。SA 组网剩下 Option2 和 Option5 两个选项，运营商可以根据不同的网络情况选择合适的方案。5G SA 和 NSA 组网方案如图 2-8 所示。

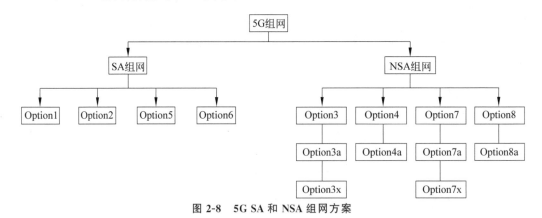

图 2-8　5G SA 和 NSA 组网方案

1) Option2 组网方案

Option2 是 SA 组网，是网络演进的最终目标。Option2 组网方案如图 2-9 所示。

在 Option2 组网方案中，核心网是 5G 核心网，无线侧是 gNodeB(5G 基站)。N2 表示控制平面接口，虚线表示控制平面消息；N3 表示用户平面接口，实线表示用户平面数据。用户数据发送到 gNodeB 之后，统一发送给 5G 核心网，并转发给数据网络。其中 5G 核心网遵循基于服务的架构(SBA)，各网元之间使用基于服务的标准接口。

2）Option5 组网方案

Option5 是 SA 组网，是 5G 网络建设的中间方案。Option5 组网方案如图 2-10 所示。

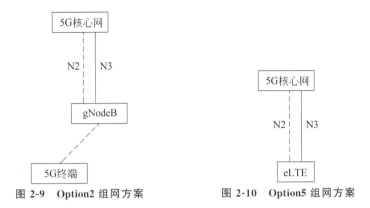

图 2-9　Option2 组网方案　　　　　图 2-10　Option5 组网方案

Option5 先部署 5G 核心网，并在 5G 核心网中实现 4G 核心网的功能，从增强型 4G 基站 eLTE（无线集群技术）逐步部署 5G 基站。这种方案是 SA 组网的中间方案，随着 5G 基站建设的推进将逐渐被替代。

3）Option3 组网方案

Option3/4/7 是 NSA 组网。在 NSA 组网中，根据以 4G 基站作为主站还是以 5G 基站作为主站，产生了不同的 NSA 组网方案。

eNodeB 表示 4G 无线接入设备（4G 基站），gNodeB 表示 5G 无线接入设备（5G 基站），EPC（Evolved Packet Core network，演进型分组核心网）表示 4G 核心网，EPC＋表示升级之后支持 NSA 特性的 4G 核心网。选用不同的 Option，用户平面的转发策略也不同。Option3/3a/3x 组网方案如图 2-11 所示。

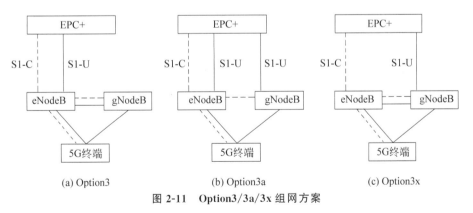

(a) Option3　　　　　　　(b) Option3a　　　　　　　(c) Option3x

图 2-11　Option3/3a/3x 组网方案

S1 表示无线连接 4G 核心网的接口，包括用户平面接口 S1-U 和控制平面接口 S1-C。

Option3 是以现有的 4G 无线接入网和核心网作为移动性管理和覆盖的锚点，新增 5G 接入的组网方式，是 EPC 向 5G 网络演进过程中可能选择的 NSA 组网方案。在 Option3 解决方案中，4G 基站是信令处理基站，作为主站；5G 基站负责转发用户数据，作为从站。Option3 方案无须部署新的 5G 核心网，只需要将 EPC 升级，使其支持 5G 业务和 5G 接入，主要信令流程基本不变，消息传递过程中携带的信息字段会进行更新，添加部分新的字段，以支持 5G 特性参数的传递。由于核心网还是 EPC,同时基站可以利用原来 4G 网络的 LTE 基站,初期投资不大,所以很多部署了 4G 网络的运营商倾向于在 5G 网络部署初期采用该组网方案。

Option3 组网方案被国内运营商选为初期的改造方案,4G 基站用于信令转发,4G 基站和 5G 基站都可以用于用户数据转发。Option3 根据用户平面分流方案不同又分为 Option3、Option3a、Option3x 3 个子方案。

Option3 子方案将 4G 的 LTE 基站作为用户平面的分流点,核心网把所有的流量转发给 LTE 基站,LTE 基站根据 LTE 和 5G 基站的实际负载情况进行动态分流,这个分流方案将 LTE 基站 eNodeB 作为分流点,执行数据包级的分流。Option3 子方案主要从 LTE 进行流量分流,但是 LTE 基站的上行带宽是相对有限的,一般为 1Gb/s。如果希望使用高带宽,则需要扩充 LTE 基站的上行带宽,工程量很大。

Option3a 子方案将核心网作为分流点,进行承载级分流,在承载创建的时候,核心网建立两个承载,分别连接到 LTE 和 5G 基站,但是核心网不能通过感知无线侧基站的负载情况调整分流,所以早期国内运营商较少选择此方案。

Option3x 子方案将 5G 基站 gNodeB 作为分流点,进行数据包级的分流,核心网把所有的流量都转发给 gNodeB,gNodeB 基于无线资源的使用情况动态地调整 gNodeB 和 LTE 的负载。在 Option3x 子方案中,EPC 需要升级以支持相应的 5G 特性,如双连接、高速网关选择等,可以通过升级原来的 4G 核心网设备支持 5G 的新特性。如果有新建或扩容需求,则可以通过云化硬件进行部署。部署成功后,云化后网元和传统部署网元组成异构混合组池,共同承载业务,可以最大限度地保护 4G 投资。因此,Option3x 是 5G 早期 NSA 组网时国内运营商主要选择的方案。

Option3x 的语音解决方案类似于 EPC,使用基于 LTE 的语音(Voice over Long Term Evolution,VoLTE)业务或者电路交换回落(Circuit-Switched FallBack,CSFB)解决方案。如果手机支持 VoLTE 业务,则在 Option3x 的组网中使用 VoLTE 解决方案实现语音,此时用户语音业务固定地通过 LTE 基站进行传输,数据业务通过 gNodeB 进行转发,实现无线侧分流;如果手机不支持 VoLTE 业务,则需要回落到电路域实现语音业务,即 CSFB 方案。

4)Option4/7 组网方案

Option4 以 gNodeB 作为信令转发点,N2、N3 表示 5G 无线基站到 5G 核心网的接口,N2 表示控制平面,N3 表示用户平面。Option4 组网方案如图 2-12 所示。

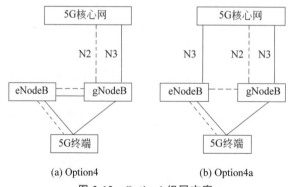

(a) Option4   (b) Option4a

图 2-12　Option4 组网方案

Option7 以 eLTE(升级之后的 LTE,可以对接 4G 和 5G 核心网)作为信令转发点,N2、N3 表示 5G 无线基站到 5G 核心网的接口,N2 表示控制平面,N3 表示用户平面。Option7 组网方案如图 2-13 所示。

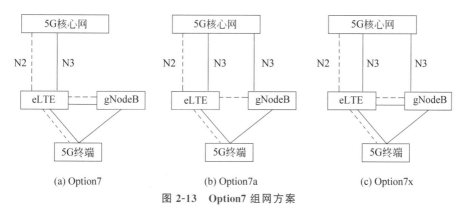

图 2-13　Option7 组网方案

Option7 组网方案在 Option3 的基础上进行了升级,4G 核心网从 EPC+升级到 5G 核心网,核心网需要完成云化改造,无线侧作为主站的 LTE 基站升级成 eLTE。

Option4 组网方案的核心网与 Option7 一样,也是 5G 核心网,但是,主站由 eLTE 换为 5G 基站 gNodeB,主要部署场景是在 gNodeB 有相当的覆盖面之后替换退网的 LTE 基站。

Option4/7 组网方案主要用于后期融合改造,需要重新部署或者改造核心网,对现有网络影响较大。当 5G 覆盖范围已经超过 4G 时,在 4G 即将退网之际,通过 Option4/7 组网方案可完成整个网络从 4G 到 5G 的演进。

2.3　5G 承载网关键技术需求

2.3.1　5G 网络与承载网相关的接口及需求

5G 网络的无线接入网和核心网都需要连接到承载网实现相互连通、整网服务,连接的接口多种多样。5G 对承载网的连接需求和网络分层关系如图 2-14 所示。

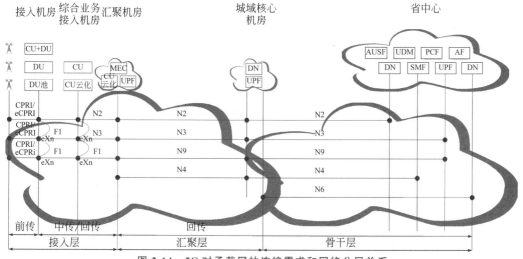

图 2-14　5G 对承载网的连接需求和网络分层关系

5G 承载网分为接入层、汇聚层以及骨干层。接入层主要为前传 Fx 接口的 CPRI/eCPRI(enhanced CPRI)信号、中传 F1 接口及回传的 N2(信令)和 N3(数据)接口提供网络连接;汇聚层和骨干层不仅要为回传提供网络连接,还需要为部分核心网网络功能之间的 N4、N6 以及 N9 接口提供连接。

5G 承载网涉及无线接入网、核心网的参考点和连接需求如表 2-1、表 2-2 所示。

表 2-1　5G 无线接入网与 5G 承载网相关的参考点和连接需求

无线接入网逻辑参考点	说　　明	时延指标	承载方案	典型接口
Fx	AAU 与 DU 之间的参考点	$<100\mu s$	L0/L1	CPRI:$N\times10$Gb/s 或 1 个 100Gb/s eCPRI:25GE 等
F1	DU 与 CU 之间的参考点	<4ms	L1/L2	10GE/25GE
Xn	gNB(DU+CU) 和 gNB(DU+CU) 之间的参考点	<4ms	L2/L2+L3	10GE/25GE
N2	(R)AN 和 AMF 之间的参考点	<10ms	L3/L2+L3	10GE/25GE 等 (注:与实际部署相关)
N3	(R)AN 和 UPF 之间的参考点	eMBB:<10ms uRLLC:<5ms V2X:<3ms	L3/L2+L3	10GE/25GE 等 (注:与实际部署相关)

表 2-2　5G 核心网与 5G 承载网相关的部分参考点和连接需求

核心网参考点	说　　明	协议类型	指标时延	承载方案	典型接口
N4	SMF 和 UPF 之间的参考点	UDP/PFCP	交互时延:毫秒级	L3	待定
N6	UPF 和 DN(数据网络)之间的参考点	IP	待研究	L3	待定
N9	两个核心网 UPF 之间的参考点	GTP/UDP/IP	单节点转发时延:$50\sim100\mu s$ 传输时延:取决于距离	L3	待定

注:核心网元之间的典型接口类型与运营商核心网实际部署相关。

2.3.2　5G 网络部署对承载网的需求

5G 网络具有容量大、网速快、时延低、支持海量连接、支持高速移动等特点,同时 5G 核心网的 SBA 以及控制平面和用户平面分离部署的特点要求 5G 网络能根据业务的不同需求灵活组网,为不同的应用实现网络切片等,这给承载网提出了较多要求。

1. 网络架构变化的需求

5G 无线接入网的 CU/DU 分离及不同部署形式,使承载网分为前传网、中传网和回传网。

5G 核心网实现控制平面和用户平面分离部署后,用户平面下移,控制平面按需部署,单个基站存在发往不同核心网的流量。核心网的部署不是一蹴而就的,要根据业务的发展需要灵活部署,不断实现部分网元的下移、部分网络功能的增加或减少以及部分网络网元的集中收编,由于核心网灵活组网、数据迁移的需求,导致整个核心网各网元的流量呈网格化。为了满足网络连接的演进性和流量的复杂性要求,承载网需要将 L3 层下移,至少要覆盖到 UPF 或边缘计算所在的位置,实现灵活调度。

2. 业务特征复杂性的需求

5G 网络存在 eMBB、uRLLC、mMTC 三大场景的多种业务,承载网要满足各种业务的特性需求。例如,eMBB 业务,单基站的连接可达到 10Gb/s,这要求承载网回传速率至少满足 10Gb/s 甚至更高;uRLLC 业务要求毫秒级时延,这要求承载网具备稳定的低时延传输特性;mMTC 业务连接数量众多,其中不乏关键业务,这要求网络具有多种冗余保护机制,可靠性高。另外,由于多种业务需要连接的网络功能不同,要求承载网具备灵活连接的能力。

3. 高精度时钟的需求

5G 阶段,基站的主流频段,无论是 C-Band 还是毫米波,都将采用 TDD(Time Division Duplex,时分双工)工作模式。这相对于 4G 等传统网络多数采用 FDD(Frequency Division Duplex,频分双工)模式发生了较大变化。TDD 模式要求严格且高精度的时钟同步,5G 基础业务需要 $1.5\mu s$ 的时间精度,而 5G 基站的协同特性业务要求基站间时间同步精度达到 350ns。

5G 基站的同步时钟和同步时间信号可以通过卫星(北斗卫星、GPS 等)获取,也可以通过地面传输网获取。每个基站部署卫星同步系统的成本高昂,且要求每个基站都具备能获取卫星信号的天面条件,对室内基站、高楼林立的城市核心区提出了较大挑战。而采用 IEEE 1588 技术方案,承载网可以高精度地逐级传递同步信息,为基站提供同步信号。

4. 高效网络运维的需求

5G 网络业务类型多、网络部署灵活,需要高效的网络运维实现随业务需求而调整。

(1) 按需的连接。基站与核心网、核心网之间的连接将随业务的需求而灵活调整,这要求承载网也要能快速调整,网络能提供分钟级的自动化连接。

(2) 切片管理。5G 网络提出了网络切片的能力,能根据业务的 SLA(Service-Level Agreement,服务等级协议)需求快速计算承载路径以分配网络资源,这是承载网的切片管理。

基于 SDN 技术的承载网可以实现按需连接和切片管理,提供高效的网络运维能力。

2.3.3 5G 承载网关键技术

1. 5G 承载网的切片技术

5G 的 eMBB、URLLC、mMTC 三大应用场景在带宽、时延、连接上的要求差异巨大,所需的服务质量不同,如果分别为其搭建网络,建设成本高,也势必增加维护成本。为应对差异化承载,5G 承载网提出了网络切片的概念,即通过切片技术在同一个承载网上划分出不同网层,以满足不同场景的服务质量要求。

网络切片是将网络资源,如链路、网元、端口及网元内部资源(如转发、计算、存储等资源)进行虚拟化,形成虚拟资源,然后按业务需要组织虚拟资源形成虚拟网络,即切片网络。承载在虚拟网络上的业务看到的是分配给自己的独立虚拟网络,对实际物理网络并不感知;而虚拟网络到物理资源的映射由承载网的控制平面和转发平面(也称数据面,Data Plane,

DP)完成。5G 承载网的网络切片如图 2-15 所示。

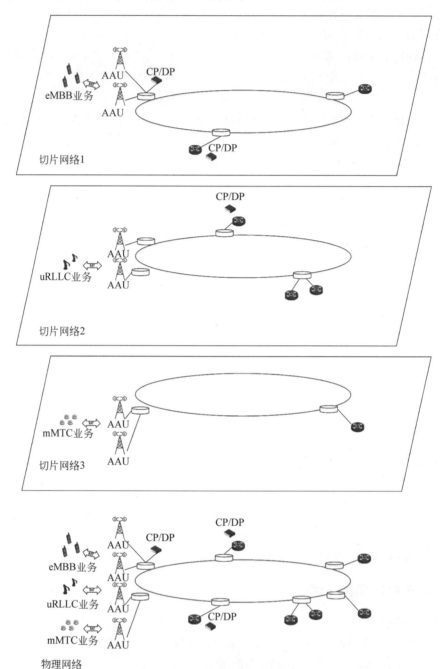

图 2-15　5G 承载网的网络切片

　　5G 承载网的切片是通过 FlexE(Flex Ethernet,灵活以太网)技术、OTN ODUk 技术等实现的。FlexE 通过对高速率接口进行细分,实现不同低速率业务在不同时隙中传输,业务之间物理隔离、互不影响。

2. 5G 承载网的路由技术

　　在 5G 网络中,由于 CU/DU 分离、SBA 的核心网功能按需设置,网络中各种网元灵活部署,业务报文灵活转发。5G 承载网引入了新的路由协议和技术,如 IS-IS 协议(Intermediate System to Intermediate System Routing Exchange Protocol,中间系统到中间系统的路由交换协议)、SR(Segment Routing,分段路由)技术等。通过这些新的路由协议和技术,5G 承载网的隧道可以由控制器或者承载网设备自动计算出来。

1) IS-IS 协议

IS-IS 协议是由国际标准化组织(ISO)提出的一种面向无连接的路由协议。它工作于网络层,用于自治系统内部,使用 SPF(Shortest Path First,最短路径优先)算法进行路由计算,是一种链路状态协议。

IS-IS 协议直接运行于数据链路层之上,在数据链路层的帧头之后直接封装 IS-IS 数据报文。IS-IS 数据报文采用了 TLV(Type-Length-Value,类型-长度-值)格式,很容易扩展以支持新的特性。采用 TLV 格式,报文的整体结构是固定的,不同的只是 TLV 部分,且在一个报文中可以使用多个 TLV 结构,TLV 本身也可以嵌套。为了支持一项新的特性,只需要增加 TLV 结构类型即可,不需要改变整个报文的结构。TLV 的这种设计,使得 IS-IS 协议可以很容易支持 TE(Traffic Engineering,流量工程)、IPv6 等新技术。IS-IS 报文的 TLV 结构如图 2-16 所示。

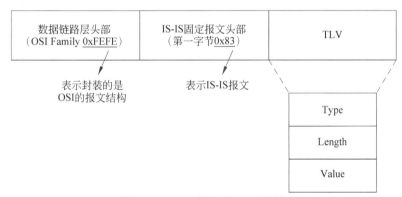

图 2-16　IS-IS 报文的 TLV 结构

基于 IS-IS 协议的标签分配过程如图 2-17 所示。

在图 2-17 中,PE 表示运营商网络边缘设备(Provider Edge),用于连接用户设备和运营商网络;P 表示运营商网络内部设备(Provider),负责用户业务在运营商网络内的转发。

在转发器 PE1、P1、P2、P3、P4 和 PE2 上分别使能 IS-IS SR 能力,相互之间建立 IS-IS 邻居的关系。对于具有 SR 能力的 IS-IS 实体,会对所有使能 IS-IS 协议的出口分配 SR 链路标签。链路标签通过 IS-IS 的 SR 协议扩展,泛洪到整个网络。

以 P3 设备为例,IS-IS 分配标签的具体过程如下:

(1) P3 的 IS-IS 协议为其所有链路申请本地动态标签(例如 P3 为链路 P3→P4 分配链路标签 9002)。

(2) P3 的 IS-IS 协议发布链路标签,泛洪到整个网络。

(3) P3 上生成链路标签对应的标签转发表。

网络中其他设备的 IS-IS 协议学习到 P3 发布的链路标签,但是不生成标签转发表。

PE1、PE2、P1、P2、P4 按照 P3 的方式分配和发布链路标签,生成对应的标签转发表。

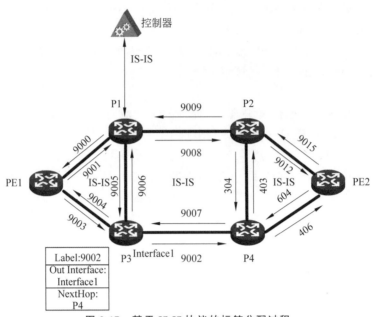

图 2-17 基于 IS-IS 协议的标签分配过程

当在一个或多个转发器与控制器之间配置 IS-IS 协议时,设备之间就建立了邻居关系,IS-IS 引入带有 SR 标签协议的拓扑,向控制器上报。

2）SR 技术

SR 即分段路由协议,是对现有 IGP(Interior Gateway Protocol,内部网关协议)进行扩展,基于 MPLS 采用源路由技术而设计的在网络上转发数据包的一种协议,通过在源节点为报文指定转发路径实现路由。SR 通过 IGP 扩展收集路径信息,头节点根据收集的信息组成一个显式/非显式的路径,路径的建立不依赖中间节点,从而使得路径在头节点即创建即生效,避免了网络中间节点的路径计算。

SR 将网络中的目的地址前缀/节点和邻接定义为段,并且为这些段分配 SID(Segment ID,段 ID)。通过对 Adjacency SID(邻接段 ID)和 Prefix/Node SID(目的地址前缀/节点段 ID)进行有序排列,就得到一条转发路径。

SR 工作原理如图 2-18 所示,其中 ECMP(Equal Cost Multipath Path)为等价多路径路由。

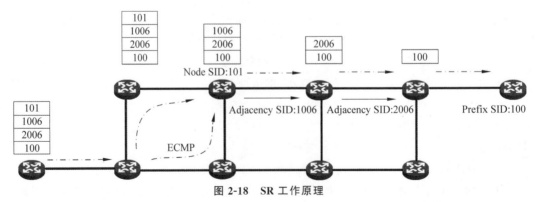

图 2-18 SR 工作原理

SR 数据包转发的过程如下：

（1）将转发路径划分为邻接段、前缀段、节点段。

（2）为每个段分配 SID。

（3）源节点配置段列表（segment list），在源节点进行有序排列。

（4）SR 将代表转发路径的段序列封装在数据包的头部，然后随着数据包传输。当网络中的节点收到数据包后，会对段序列进行解析。如果段序列的顶部标识是节点的 SID，会根据 SPF 通过计算提供的最短路径转发该节点；如果是邻接段，会根据邻接段的 SID 转发到下一个节点，直到报文到达目的节点。

3. 5G 承载网的隧道技术

隧道技术（Tunnel）是一种在网络间建立一条数据通道（称为隧道）以传递数据的方式，使用隧道传递的数据可以是不同协议的数据帧或数据包，以此实现不同隧道之间的数据相互隔离。在 5G 承载网中，不同业务的数据、核心网之间的流量、承载网内部流量等需要相互隔离，这就需要用到隧道技术。

5G 承载网隧道技术通过 MPLS-TP（Multi-Protocol Label Switching-Transport Profile，基于多协议标签交换的传输子集）技术、SR（Segment Routing，分段路由）技术实现。这两种技术都是新型的 MPLS 技术，源自 MPLS，又有了更多的创新和升级。

1）MPLS-TP 隧道

在传统 IP 网络中，路由技术不可管理、不可控制，报文逐级转发，每经过一个路由器都要进行路由查询（可能要进行多次查找），速度较慢，这种转发机制不适合对网络时延要求较高、组网较复杂的大型网络。

而 MPLS（多协议标签交换）技术是通过事先分配好的标签（label），为报文建立一条标签交换路径（Label Switching Path，LSP），在路径经过的每一台设备处只需要进行快速的标签交换即可（一次查找），从而节约了处理时间。MPLS 隧道如图 2-19 所示。其中，Ingress 节点为入口节点，Egress 节点为出口节点。

图 2-19 MPLS 隧道

MPLS-TP 隧道是静态标签隧道技术，最初出现在 PTN 中，标签由网管系统完全自动分配。MPLS-TP 隧道结构如图 2-20 所示。

PWE3（Pseudo-Wire Emulation Edge to Edge，边缘到边缘的伪线仿真）等效于传输通道，为客户业务提供端到端的通道。

隧道层等效于传输通路，表示端到端的逻辑连接，提供网络隧道，将一个或多个客户业务封装到一个更大的隧道中，以便于网络实现传递、交换、保护、OAM（Operation，Administration and Maintenance，操作、管理和维护）等。

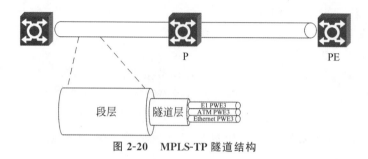

图 2-20　MPLS-TP 隧道结构

段层表示相邻节点间的虚连接,保证通道层的两个节点之间信息传递的完整性,是基于物理介质上的连接。

2) SR 隧道

SR 隧道技术又有 SR-LSP、SR-BE、SR-TE、SR-TP 等多种,都是隧道扩展技术。

SR-LSP(Segment Routing Label Switched Path,分段路由标签交换路径)是指网络中路由节点使用 SR 技术建立的静态标签转发路径,由一个前缀段或节点段指导数据包转发。SR-BE(Segment Routing Best Effort,分段路由尽力而为)的路由节点以 IGP 使用最短路径算法计算得到最优 SR-LSP,用于面向无连接的 Mesh 业务承载,提供任意拓扑连接并简化隧道规划和部署。SR-TE(Segment Routing Traffic Engineering,分段路由流量工程)的标签由控制器在源节点统一下发。SR-TP(Segment Routing Transport Profile,基于分段路由的传输子集)是在 SR-TE 基础上进行增强和改进形成的,增加了一层端到端标识业务流的标签,用于面向连接的点到点业务承载,以提供端到端的监控运维能力。

归纳起来,根据 MPLS 标签是由谁下发的,SR 隧道模型分为两种:一种 SR 隧道模型的标签由路由器下发,节点路由器之间通过算法建立标签转发路径,如 SR-LSP、SR-BE;另一种 SR 隧道模型的标签由控制器下发,控制器分担了原来路由器控制平面的标签下发工作,减轻了路由器的压力,如 SR-TE、SR-TP。路由器控制平面压力较大。因此,如果网络应用中有控制器,则优先使用后一种隧道模型,前一种模型作为备用;如果没有控制器,则只能使用前一种隧道模型。

4. 5G 承载网的 VPN 技术

VPN(Virtual Private Network,虚拟专用网络)是在公共网络中建立的。对用户而言,VPN 是一个专用网络,但与自建专网相比不需要专门部署和运维;对运营商而言,VPN 利用其公共网络传输资源,在此之上建立一个虚拟的定制化连接供用户专门使用,提高了网络的利用效率和效益。运营商的公共网络资源是其公共的骨干网和边界设备。

VPN 的基本原理是利用隧道技术把 VPN 报文封装在隧道中,实现报文的透明传输。

VPN 有多种分类方式。VPN 从实现的协议层次上可分为 L2VPN 和 L3VPN。

1) L2VPN

L2VPN 是在 TCP/IP 网络模型的第二层(数据链路层)网络中搭建的 VPN 业务,承载链路层 MAC 报文。按照二层连接拓扑类型的不同,L2VPN 分为点到点连接的 VLL(Virtual Leased Line,虚拟租用线路)、点到多点或多点到多点连接的 VPLS(Virtual Private LAN Service,虚拟专用局域网业务)。

VLL 也称为 VPWS(Virtual Private Wire Service,虚拟专用线业务),将公网模拟为一

根私有电话线,可以连接 ATM、以太网等不同的 L2 接入方式,不感知数据包的具体业务,完全透传到远端。承载网普遍使用的 VLL 技术是 PWE3 技术。PWE3 的基本传输架构如图 2-21 所示。

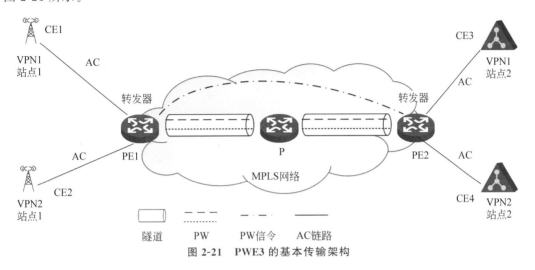

图 2-21　PWE3 的基本传输架构

其中,CE(Customer Equipment)表示客户侧设备。

PWE3 的传输架构包括以下几部分:

- AC(Attachment Circuit,接入电路)。用户与服务提供商之间的连接,即连接 CE 与 PE 的链路。对应的接口只能是以太网接口。
- PW(伪线)。两个 PE 设备上 VSI(Virtual Switch Instance,虚拟交换实例)之间的一条双向虚拟连接。它由一对方向相反的单向的 MPLS VC(Virtual Circuit,虚电路)组成,也称为仿真电路。
- 转发器(forwarder)。PE 收到 AC 上送的数据帧,由转发器选定转发报文使用的 PW。转发器相当于 PWE3 的转发表。
- 隧道。用于承载 PW,一条隧道上可以承载多条 PW。隧道是一条本地 PE 与对端 PE 之间的直连通道,完成 PE 之间的数据透明传输,可以是 MPLS 或 GRE 隧道。
- PW 信令(PW signal)。PWE3 实现的基础,用于创建和维护 PW。PW 信令协议主要有 LDP 和 BGP。

PWE3 的特点就在于其仿真功能。目前的承载网络大部分基于以太网接口连接,各种业务融合承载,有主流的以太网业务,也有 TDM、ATM 等非以太网业务。PWE3 在网络中将各种非以太网业务的帧结构进行以太网头部的仿真封装,使其能在以太网中传输。这种特点使其在承载网中广泛应用,不可或缺。

VPLS 将公网模拟为私有的二层交换机,具有 MAC 学习、限制、老化、同步等二层特性,基于 MPLS 及以太网技术提供二层的点到多点、多点到多点 VPN 连接。VPLS 的基本传输架构如图 2-22 所示。

VPLS 的特点在于,其可将运营商的网络当作一个二层局域网转发数据,转发范围广、效率高,相互之间二层隔离。运营商可以通过 VPLS 向多个用户分别提供多点连接而互不影响,使它们可以像在一个二层局域网中一样。

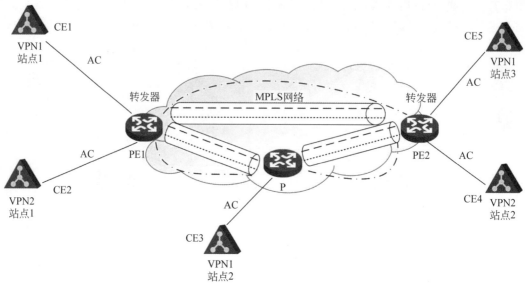

图 2-22　VPLS 的基本传输架构

2）L3VPN

L3VPN 是在 TCP/IP 网络模型的第三层（网络层）网络中搭建的 VPN 业务，承载网络层数据包。L3VPN 可以当作一个超级私有路由器，一般作为骨干网的核心，起到连接各个大区节点的作用。

运营商网络承载的业务类型越来越多，且基站、核心网等网元在 4G 时期就进行了全网 IP 化改造。因此，在承载网中就需要基于 IP 技术提供通道化的 L3VPN。

在基本 L3VPN 应用中（不包括跨域情况），VPN 报文转发采用两层标签方式：

- 第一层（外层）标签在运营商网络骨干网内部进行交换，用于指示从 PE 到对端 PE 的一条路径标签交换路径（LSP），VPN 报文利用这层标签沿着 LSP 到达对端 PE。
- 第二层（内层）标签在从对端 PE 到达 CE 时使用，指示报文应该被送到哪个 CE，这样对端 PE 根据内层标签就可以找到转发报文的接口。

L3VPN 报文转发过程如图 2-23 所示。

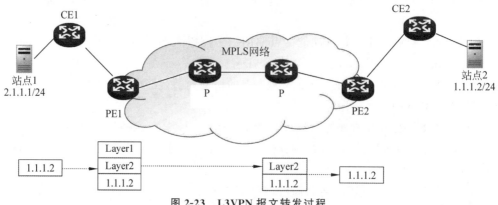

图 2-23　L3VPN 报文转发过程

（1）站点 1 发出一个目的地址为 1.1.1.2 的 IP 报文，由 CE1 将报文转发至 PE1。

（2）PE1 根据报文到达的接口及目的地址查找 VPN 实例表项，匹配后将报文打上内层标签 Layer2 和外层标签 Layer1，转发出去。

（3）MPLS 网络利用报文的外层标签，将报文传送至 PE2（报文在到达 PE2 前一跳时外层标签被剥离，仅保留内层标签）。

（4）PE2 根据内层标签和目的地址查找 VPN 实例表项，确定报文的出接口，将报文转发至 CE2。

（5）CE2 根据正常的 IP 转发过程将报文传送至目的地址。

在具体使用中，如果这个业务使用 L3 转发性能更高、可靠性更好，例如语音和视频，就可以使用 L3VPN；如果业务经常是电话会议和数字电视，涉及多播业务较多，可以利用 L2VPN 达到降低成本的效果，因为基于以太网的 L2VPN 支持广播和多播，维护成本更低。

5. 5G 承载网的高精度时钟

高精度的时间同步是 5G 承载网的关键需求之一。5G 同步需求主要体现在 3 方面：基本业务的时间同步需求、协同业务的时间同步需求和新业务的时间同步需求。

基本业务的时间同步需求是 TDD 制式无线通信系统的共性要求，以灵活配置上下行时隙实现上下行带宽调整，避免上下行时隙干扰。与 4G TDD 一样，5G 系统要求不同基站空口间的时间偏差小于 $3\mu s$。

协同业务的时间同步需求是 5G 高精度时间同步需求的集中体现。5G 系统中广泛使用了 MIMO（Multiple-Input Multiple-Output，多输入多输出）、CoMP（Coordinated Multiple Point，协作多点）、CA（Carrier Aggregation，载波聚合）等协同技术，这些技术通常应用于同一 AAU/RRU 的不同天线或共站的两个 AAU/RRU 之间，对时间同步均有严格的要求。根据 3GPP 规范，在不同场景下，同步需求包括 260ns、130ns、65ns、$3\mu s$ 等不同精度级别。其中，260ns 或优于 260ns 的同步需求绝大部分发生在同一 AAU/RRU 的不同天线场景下，可通过 AAU/RRU 相对同步实现，无须外部网同步。部分百纳秒量级时间同步需求场景（如带内连续载波聚合）可能发生在同一基站的不同 AAU/RRU 之间，需要基于前传网络进行高精度网同步。而备受关注的带内非连续载波聚合以及带内载波聚合则发生在同一基站的不同 AAU/RRU 之间，时间同步精度达到更加严格的 $3\mu s$。

新业务的时间同步需求是 5G 网络承载车联网、工业互联网等可能需要提供基于 TDOA（Time Difference of Arrival，到达时间差）的基站定位业务等的需求。由于定位精度与基站间的时间相位误差直接相关，这就需要更高精度的时间同步。例如 3m 的定位精度对应的基站同步误差约为 10ns。

无线基站普遍采用卫星授时的方式获取同步时钟和同步时间，但为每个基站都配置卫星同步系统成本高昂。目前主要采用建设时钟同步网的方式，时钟同步网时钟源采用铯时钟或卫星授时，通过地面网络将时钟源的同步信号传递给无线基站使用。IEEE 1588v2 高精度时间同步系统是一种采用 IEEE 1588v2 协议的高精度时钟系统，可以通过承载网传递，能满足 5G 系统对同步精度的要求。IEEE 1588v2 组网架构如图 2-24 所示。

6. 5G 承载网的 SDN 技术

在传统的承载网中，各个网络节点（如光设备、路由器、交换机等）都是独立工作的，各设备的管理命令和接口都是厂商私有的，不对外开放。承载网组网连接需要人工提前规划和

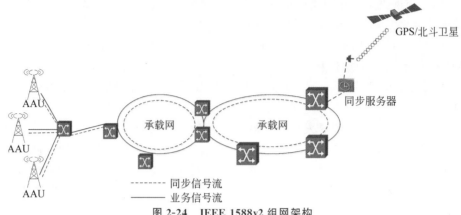

图 2-24　IEEE 1588v2 组网架构

配置,在网络运行过程中涉及跨设备、跨网层的调整,较为复杂,实现较慢。

SDN(软件定义网络)是在网络之上建立一个 SDN 控制器节点,所有下层设备的管理功能都被集中到 SDN 控制器,设备只剩下转发功能。SDN 控制了整个网络,SDN 控制器统一管理和控制下层设备的数据转发,这样设备节点的差异、厂商的不同等都被 SDN 屏蔽了,使得 SDN 控制下网络的管控、调整等变得更加简单。对上层应用来说,网络的复杂性被 SDN 屏蔽,将不再可见,管理者只需要像配置软件程序一样,使用 SDN 控制器进行简单部署,就可以让网络实现新的策略。

SDN 技术是将设备的控制与转发分离并直接可编程的网络架构,通过开放性的应用和服务,增强网络资源的智能化调度能力,使客户与网络资源之间的关系扁平化,从而提升运维管理和业务运行的效率。

承载网 SDN 组网架构如图 2-25 所示。

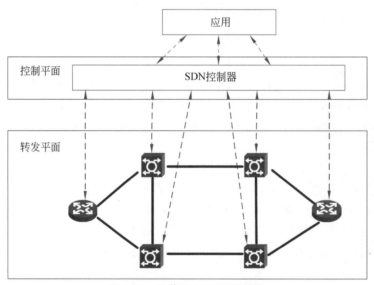

图 2-25　承载网 SDN 组网架构

2.4　5G 承载网解决方案和部署

实现 5G 承载时主要考虑以下 4 个因素:

(1) 5G RAN 功能重新定义了 AAU、CU、DU 三级架构,导致 5G 建站形式多样,不再主要是回传承载需求,而是前传网、中传网、回传网并重,支持多业务。

(2) 在 5G 核心网架构中,UPF 及 MEC 根据具体业务需求进行灵活部署,MEC 之间的流量需要就近转发,这需要城域网 L3 功能下沉到汇聚层甚至接入层,L3 域将增大,这对整个承载网的组网造成较大影响。

(3) 5G 网络分片及垂直行业低时延业务需要降低端到端的时延,要求每个节点支持极低转发时延,需要既支持硬隔离又支持软隔离,实现软硬切片。

(4) 5G 基于 SDN 架构,需要考虑引入控制器及协调器(orchestrator),需要通过标准的接口及信息模型实现各层解耦,同时要考虑管控系统管理大 L3 层网络的性能问题。

2.4.1　5G RAN 承载部署方案

5G RAN 的承载部署方案主要实现以下 3 点:

(1) AAU 到 DU 之间的连接,即前传。

(2) DU 到 CU 之间的连接,即中传。

(3) CU 到 5G 核心网之间的连接,即回传。

5G RAN 承载网架构如图 2-26 所示。

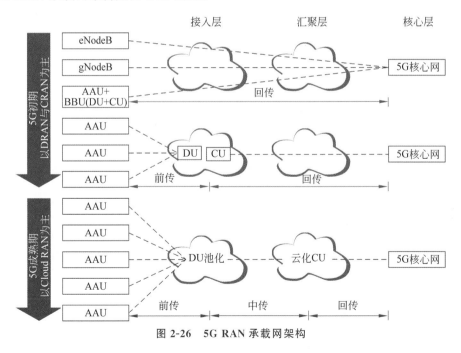

图 2-26　5G RAN 承载网架构

1. 前传方案

前传网是连接 AAU 和 DU 的网络。常见的前传方案主要有以下 4 种。

1）使用物理光纤直接连接

这种方案也称为光纤直驱方式，使用物理光纤将 AAU 和 DU 连接起来，如图 2-27 所示。

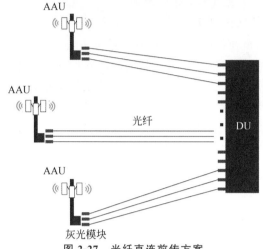

图 2-27　光纤直连前传方案

对于传统三扇区宏基站，在 100MHz 频谱带宽＋64T64R 的配置下，前传带宽为 25Gb/s，共需要 3 对前传连接，共 6 根光纤、6 对 25Gb/s 光模块。在 CRAN 架构下，一个 DU 若带几个甚至几十个 AAU，那么就需要几百根光纤，这对光纤资源的消耗是巨大的。由于光纤本身没有监控和保护，因此故障定位较复杂，业务恢复较慢，可靠性较低。这种方案对网络部署效率、部署成本和后期网络运维工作提出了较大挑战。

2）无源 WDM 前传方案

无源 WDM 前传方案在 AAU 和 DU 侧各安装无源 WDM 设备，中间使用光纤连接，如图 2-28 所示。

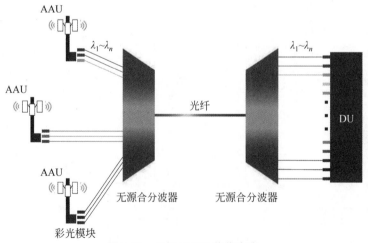

图 2-28　无源 WDM 前传方案

无源 WDM 主要由无源合分波器（MUX/DEMUX）和彩光模块构成，DU 和 AAU 采用固定波长的彩光模块，DU 前端和 AAU 站点上分别配置无源合分波器完成无源 WDM 的功能。同一站址的 AAU 可以共用同一台无源 WDM 设备,仅需使用一对光纤(双纤双向模式)或一根光纤(单纤双向模式)连接,光纤资源的消耗较少。

无源 WDM 的优点如下:

(1) 由于 DU 和 AAU 侧直接使用彩光模块,无线运维单位可掌握信号传输情况。

(2) 由于没有负责波长转换的有源设备,设备成本低且无须供电,对安装条件要求低。

(3) 无源合分波器对业务透明传输,几乎没有处理时延(不包括光纤传输时延)。

无源 WDM 的缺点如下:

(1) DU 和 AAU 侧的彩光模块必须两端匹配,每条连接波长不同,这要求每对光模块都要规划好频率且波长固定,这为波长规划和管理带来了难度。业界提出了支持多个波长自动配置的可调彩光模块技术,但成本较高。

(2) 无源 WDM 缺少 OAM 机制和保护措施,无法监控,运维难度较大。

3) 有源 WDM 前传方案

有源 WDM 前传方案在 AAU 和 DU 侧各安装有源 WDM 设备,中间使用光纤连接,如图 2-29 所示。

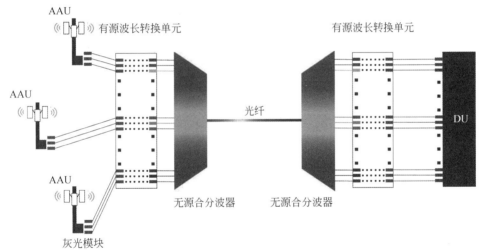

图 2-29　有源 WDM 前传方案

有源 WDM 也采用无源 WDM 中使用的无源合分波器,但是增加了波长转换、监控等有源模块。AAU 和 DU 侧安装有源 WDM/OTN 设备,将非特定波长转换为符合波分技术要求的特定波长,再通过无源合分波器完成合分波功能,实现在多个 AAU 和 DU 之间仅使用一对或一根(单纤双向)光纤完成多个连接的功能。

有源 WDM 的优点如下:

(1) 拥有完善的 OAM、性能监控、故障诊断功能,能提供丰富的自动保护倒换机制。

(2) 由于 AAU 和 DU 侧光模块使用灰光模块,无须复杂的波长规划和管理工作。

(3) 相比于无源 WDM,有源 WDM 组网更加自由,支持点到点、环状组网等。

有源 WDM 的缺点如下:

(1) 有源 WDM/OTN 设备成本较高。

(2) 有源 WDM 需要电源供电,对安装条件要求较高,AAU 侧部署可能会受限于站址空间、远端供电、安装机柜条件等问题。

（3）由于波长转换等有源模块的参与，可能带来时延和抖动等问题。

4）半有源 WDM 前传方案

半有源 WDM 前传方案在 AAU 侧使用彩光模块并安装无源 WDM 设备，在 DU 侧安装有源 WDM 设备，中间使用光纤连接，如图 2-30 所示。

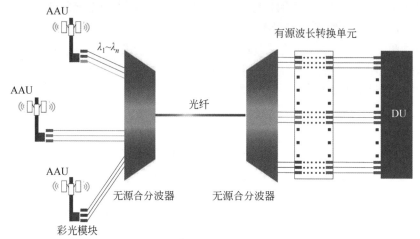

图 2-30　半有源 WDM 前传方案

这种方案兼具无源 WDM 和有源 WDM 两种方案的特点。

以上几种前传方案对比如表 2-3 所示。

表 2-3　前传方案对比

前传方案	时延	组网灵活性	光纤消耗	管理能力	技术成熟度	投资
光纤直连	满足	点到点、星状	多	弱	成熟	低
无源 WDM	满足	点到点、星状	适中	弱	成熟	较低
有源 WDM	满足	点到点、星状、环状	适中	强	成熟	高
半有源 WDM	满足	点到点、星状	适中	强	不成熟	较低

前传网是 5G 承载网中靠近无线基站侧的一段传输网络，在整个承载网中，前传网相对简单，技术要求较低，且由于 AAU 连接的目的 DU 对前传网的终结，前传网与整个承载网几乎是分离的。

目前，前传技术主要考虑节约光纤、提高容量、降低成本、引入 OAM 和保护等方面，使用的 WDM 技术有 CWDM、DWDM、LWDM（LAN-WDM）、MWDM 等。

2. 中回传方案

中回传承载网络方案要满足以下要求：

（1）DU 到 CU、CU 到核心网等的跨多层连接。

（2）由于核心网 UPF 等网元的多种部署位置，CU 到 UPF 的连接会根据业务的需求变化而调整，承载网络的连接要能够灵活调度。

（3）支持 5G 切片的承载网切片。

（4）4G/5G 混合承载。

（5）大带宽、大容量、低成本组网等要求。

（6）支持 L0～L3 层的综合传送能力。

中回传方案对 L0～L3 层的具体需求如下：

（1）L2/L3 层分组转发。

5G 承载网要实现灵活连接调度和统计复用功能，主要是通过 L2/L3 的分组转发技术实现的，包括以太网、MPLS-TP（Multi-Protocol Label Switching Transport Profile，面向传送的多协议标签交换）、分段路由等技术。通过这些新的技术，5G 承载网可以根据网络需要灵活调度，并提供 OAM、可靠性、统计复用和 QoS 保障等能力。

目前国内运营商和设备厂商实现 L2/L3 层分组转发的设备方案包括 SPN、STN、智能城域网、M-OTN 和 IPRAN＋光层，这些方案都具备 Ethernet VPN、分段路由等技术能力。

（2）L1 层 TDM 通道层技术。

5G 承载网不仅要为 5G 网络提供支持，满足 5G 三大应用场景的网络需求，同时也要承载商业专线、互联网连接等业务。不同的业务对网络特性的要求不同，为了避免不同性能要求的网络流量相互干扰，承载网应当能够实现网络切片、硬管道隔离、差异化保护、高安全性、稳定低时延的网络能力。这可以通过 L1 层 TDM（Time-Division Multiplexing，时分多路复用）通道技术实现，该技术可以实现业务间 TDM 通道层隔离、调度、OAM 和保护，完全避免了业务之间的互相影响。

在国内运营商和设备厂商的技术方案中，SPN 设备通过切片以太网技术实现 L1 TDM 通道层，通过 FlexE 或 Ethernet PHY 技术实现 L1 数据链路层；M-OTN 设备通过 ODUk 技术实现 L1 TDM 通道层、使用 OTUk 或 OTUCn 技术实现 L1 数据链路层；而 IPRAN＋光层方案对 L1 TDM 通道层的实现尚在研究，但可通过 FlexE 或 Ethernet PHY 技术实现 L1 数据链路层。

（3）L0 层光层大带宽技术。

5G 承载、高品质专线、DCI（Data Center Interconnect，数据中心互联）等大带宽业务要求 5G 承载网应具备支持 L0 层的技术，实现高速光接口和多波长的传输、组网、调度能力。

在国内运营商和设备厂商的方案中，SPN 设备方案可通过以太网灰光①或在 DWDM 侧使用 DWDM 彩光实现 L0 层大带宽承载；M-OTN 天然具备 L0 层大带宽承载能力；IPRAN＋光层方案要实现 L0 层能力，则需在光层开通相应端口。

中传和回传方案将与核心网连接统一承载，这将在第 7 章详细介绍。

2.4.2 5G 核心网承载部署方案

5G 核心网承载网要解决控制平面/用户平面分离部署后控制平面对用户平面的连接以及核心网内部的连接，特别是用户平面的连接，其可以根据业务的需要灵活下移，接近用户，连接将非常灵活、易于调整。

我国运营商、通信设备厂商进行技术创新，提出了多种 5G 承载技术和部署方案，有

---

① 灰光是相对于 WDM 彩光具有特定波长而言的，灰光是没有特定波长，波长在一定范围内波动的光信号，一般用于网络的客户侧设备接口，遵循 ITU-T G.957/G.959.1 或 IEEE 802.3 标准，功耗低，传输距离较短，仅几百米。

SPN(Slicing Packet Network,切片分组网络)、STN(Smart Transport Network,智能传送网)、智能城域网、M-OTN(Mobile-optimized Optical Transport Network,面向移动承载优化的光传送网络)、IPRAN(Internet Protocol Radio Access Network,基于 IP 的无线接入网络)+光层等多种技术方案,可归纳为三条技术主线,如图 2-31 所示。

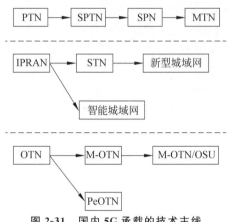

图 2-31　国内 5G 承载的技术主线

1. PTN 路线

从 3G 承载网开始,中国移动创新性地提出了基于 MPLS-TP 的 PTN(Packet Transport Network,分组传送网)技术规范,并应用于 3G、4G 和企业专线承载。2016 年,随着 SDN 技术的兴起,PTN 引入 SDN,提出了 SDN 化的 PTN,即 SPTN(Software defined PTN)。随着 5G 的成熟和部署,中国移动提出了面向 5G 承载的 SPN 技术体系,并于 2019 年正式通过 ITU-T SG15 标准 G.mtn 立项,形成了 MTN 系列国际标准。

2. IPRAN 路线

在 3G、4G 时代,中国电信、中国联通采用 IPRAN 作为移动承载技术。2015 年以后,为了实现移动、专线等综合承载,中国电信将 IPRAN 和 PTN 技术相结合,发展了一种增强型分组传输网技术,即 STN,目前,中国电信提出了基于 SRv6 的固网、移动网络综合承载的路线,即"新型城域网";2020 年,中国联通的 5G 承载在 IPRAN 技术上引入了 SR-MPLS 隧道技术,提出了"智能城域网"。

3. OTN 路线

在 5G 建设初期,中国电信提出过 M-OTN 方案、中国联通提出过使用 PeOTN(Packet enhanced OTN,分组增强 OTN)技术实现 5G 承载。随着 OTN OSU(Optical Service Unit,光业务单元)技术的发展,M-OTN 引入了 OSU 技术,M-OTN/OSU 转为以大客户精品专线承载为主的方案。

无论哪种技术路线,都是运营商根据其资源情况、网络特点、业务情况和发展规划作出的技术选择,都能实现对 5G 网络的承载。承载网络的部分关键技术具有相通性,部分需求的实现方式有差异。

本书将以 SPN 技术为主介绍 5G 承载网技术和方案。

重点小结

5G 无线侧重构为 AAU、CU、DU 3 层架构,形成了 AAU 与 DU 的前传网络、DU 与

CU 的中传网络和 CU 到核心网的回传网络。

由于前传网络、中传网络、回传网络连接的复杂度不同,在网络中的部署位置不同,传送网资源的满足度不同,承载网对 5G RAN 也有相应的解决方案。

5G 核心网采用 SBA 架构,各网络功能(NF)以服务的方式呈现,如 AMF、SMF、PCF、AF、NSSF、AUSF、UDM 等,解耦后的网络功能可独立扩容、演进、部署。控制平面全部网络功能之间的交互采用服务化接口,同一服务能够被多种网络功能调用,降低了网络功能之间接口定义的耦合度,整网功能可按需定制,灵活支持各种业务场景和需求。

为了减少流量迂回带来的网络时延,5G 核心网将控制平面(CP)和用户平面(UP)分离部署。通过 SBA 等技术,CP 功能由多个网络功能承载,UP 功能由 UPF 承载。UPF 作为独立个体,既可以灵活部署于核心网,也可以部署于更靠近用户的无线接入网。这为 5G 核心网赋予了一些新特征:网络部署更加灵活;业务时延降低;网络升级、演进简单。

为满足 5G 三大应用场景和核心网分离部署的需求,5G 承载网应采用网络切片、IS-IS 和 SR 路由、网络隧道、VPN、高精度时钟、SDN 等技术,通过前传网络、中传网络和回传网络实现 5G RAN 承载,并根据运营商现网资源、发展规划等选择使用 PTN 技术路线、IPRAN＋光层技术路线或 OTN 技术路线等实现 5G 核心网承载。

习题与思考

某地运营商希望能建设 5G 网络实现 5G 覆盖,请讨论规划 5G 的承载网解决方案。

(1) 直接在 4G 站点上安装 5G AAU 和 DU/CU,扩容或利用原有 4G 回传网承载 5G 回传,试讨论 5G DRAN 部署的承载网方案。

(2) 直接在 4G 站点上安装 5G AAU,DU/CU 集中部署在 4G 综合接入机房,利用原有 4G 回传网承载 5G 回传,试讨论 5G CRAN 部署的承载网方案。

(3) 采用 CU 与 DU 分设,DU 放置在站点接入机房,CU 部分集中部署,只有中传和回传的需求,试讨论 5G 云 RAN 下 DRAN 部署的承载网方案。

(4) 采用 CU 与 DU 分设,DU 集中部署在综合接入机房,CU 在更高层次集中部署在汇聚机房,前传、中传、回传分别承载,试讨论 5G 云 RAN 下 CRAN 部署的承载网方案。

(5) 根据 5G 核心网控制平面和用户平面分离部署方式,讨论 UPF 下沉到不同位置,SPN 承载核心网不同接口的要求。

任务拓展

5G 网络建设初期,某运营商希望利用现有 4G 站点和承载网资源,快速实现 5G 网络部署,试帮助该运营商规划快速建网的方案并提出承载网的需求。

(1) 推荐一种能尽快建网的方案,并简述原因。

(2) 为方案提出 5G RAN 的承载网需求。

(3) UPF 仍部署在核心机房,试画出网络整体架构图。

学习成果达成与测评

项目名称	5G RAN 方案及承载需求		学时	2	学分	0.2
职业技能等级	中级	职业能力	5G 方案规划及承载网架构		子任务数	5 个

	序号	评价内容	评价标准	分数
子任务	1	5G RAN 的方案选择	能够详细描述 5G RAN 各种方案的特点,并根据运营商的诉求为运营商推荐最佳方案	
	2	5G RAN 推荐方案的实施要求	能够分析并详细描述推荐方案的部署需求	
	3	5G RAN 方案的承载网解决方案	能够详细描述承载网解决方案及实施方法	
	4	5G 核心网的架构	能够完整并正确描述 5G 核心网架构	
	5	SPN 解决方案的网络连接图	能够按照 SPN 解决方案正确画出 5G RAN 和核心网连接图,并准确表示接口	

考核评价	项目整体分数(每项评价内容分值为 20 分)	
	指导教师评语	

备注	奖励: 1. 每项任务按照完成质量给予 1~3 分奖励,累计额外加分不超过 5 分。 2. 整体任务完成优秀,额外加 2 分。 惩罚: 1. 单项任务实施报告编写严重违反事实,为个人杜撰或有抄袭内容,该项不予评分。 2. 任务整体存在严重抄袭,整个任务不予评分。

学习成果实施报告书

题目：5G RAN 及 5G 核心网承载方案

班级：　　　　　　　姓名：　　　　　　　学号：

任务实施报告

　　简要记述完成任务过程中的各项工作，描述任务规划以及实施过程、遇到的重难点以及解决过程，总结 5G RAN 几种部署方式、5G 核心网架构并描述承载网解决方案特点，要求不少于 500 字。

考核评价(按 10 分制)	
教师评语：	态度分数：
	工作量分数：
考核评价规则	

1. 任务完成及时。
2. 操作规范。
3. 实施报告书内容真实可靠、条理清晰、文字流畅、逻辑性强。
4. 没有完成工作量扣 1 分。抄袭扣 5 分。

第 3 章　SPN 及其关键技术

知识导读

进入 5G 时代,承载网需要引入新的传输接口、技术、网络控制能力,提供大带宽、低时延、超高精度时间同步、网络切片、开放协同等能力,以适应各种网络架构,满足 5G 业务对带宽、时延等的严苛要求。在 2018 年巴塞罗那世界移动大会(MWC 2018)期间,华为、中国移动等发布了 5G 承载网网络架构关键技术和 SPN 技术白皮书,这是业界首次面向 5G 承载提出建设性发展路径。2019 年 8 月,在"5G 光电核心技术论坛"上,SPN 新型技术体系被正式提出。

SPN 以新架构在 L0～L3 层实现了技术突破,满足 5G 承载网在切片、路由、隧道、VPN、高精时钟等方面的要求,并支持资源集中控制和 SDN 调度,具有大带宽、低时延、网络切片、L3 灵活连接等特点。

学习目标

- 了解 SPN 的特性和架构。
- 了解网络切片的概念和意义。
- 理解 FlexE 技术原理。
- 掌握 IS-IS 技术原理。

能力目标

- 掌握 SPN 网络分层模型。
- 掌握 FlexE 技术原理及应用。
- 理解 IS-IS 技术部署应用。

3.1　SPN 简介

3.1.1　SPN 的产生

1. SPN 诞生的背景需求

1) 大宽带需求

随着 5G 推广应用,移动智能终端及云应用等催生了数据流量持续爆炸性增长,无线网络需支持超大数据流量,5G 基站采用 Massive MIMO(大规模多输入多输出)、CoMP(Coordinated Multiple Points,多点协作传输)和高阶调制等技术极大地提升了频谱利用效率,同时通过引入新的空口频谱增加频谱带宽、提升单基站带宽达数 10 倍。5G 基站带宽参数见表 3-1。

表 3-1　5G 基站带宽参数

参数	5G 中频(高配置)	5G 中频(低配置)	5G 中频(室分)	5G 高频
频谱资源	2.6GHz	2.6GHz	2.6GHz	4.9GHz
频宽	160MHz	160MHz	100MHz	100MHz
基站配置	3Cells 64T64R	3Cells 16T16R	分布式 P 站 4T4R	3Cells 64T64R
频谱效率	峰值 48b/Hz 均值 9.6b/Hz	峰值 24b/Hz 均值 4.8b/Hz	峰值 16b/Hz 均值 7.3b/Hz	峰值 48b/Hz 均值 9.6b/Hz
封装开销	10%	10%	10%	10%
TDD 上下行配比	1:3	1:3	1:3	1:3
小区峰值带宽	6.4Gb/s	3.2Gb/s	1.3Gb/s	4Gb/s
小区均值带宽	1.3Gb/s	0.64Gb/s	0.6Gb/s	0.8Gb/s
单站峰值带宽	9Gb/s	4.5Gb/s	1.3Gb/s	5.6Gb/s
单站均值带宽	3.9Gb/s	1.9Gb/s	0.6Gb/s	2.4Gb/s

表 3-1 中的几个带宽计算公式如下:

小区峰值带宽＝频宽×峰值频谱效率×(1＋封装开销)×TDD 上下行配比

小区均值带宽＝频宽×均值频谱效率×(1＋封装开销)×TDD 上下行配比

单站峰值带宽＝小区峰值带宽＋小区均值带宽×$(N-1)$

单站均值带宽＝小区均值带宽×N

其中,N 为小区数量。

如果一个环有 6 个 5G 中频高配基站接入,那么整环的带宽需求为 28.5Gb/s(一个基站达到峰值带宽,其他基站都为均值带宽,即 9＋3.9×(6－1)＝28.5Gb/s)。在实际部署中,基站的天线数、流数、频谱带宽会发生变化,基站的密度也将和具体的覆盖面积、业务实际需求关联。

此外,5G 高频基站也会引入额外的带宽需求。在上述因素的影响下,传输网除了需要提供更大的接口带宽,还需要具备带宽平滑扩展的能力(如通过多链路、多波长捆绑扩展线路容量),以应对未来带宽需求的不确定性。

2) 超高精度时间同步需求

5G 的 eMBB、uRLLC、mMTC 三大应用场景对时延的要求各异,其中 uRLLC 场景下时延要求最高,部分场景下要求单向端到端时延不超过 1ms。3GPP 等标准组织关于 5G 时延的技术指标如表 3-2 所示。

表 3-2　5G 时延的技术指标

技 术 指 标	规 定 值	标 准 来 源
移动终端-CU 时延(eMBB)	4ms	3GPP TR38.913
移动终端-CU 时延(uRLLC)	0.5ms	3GPP TR38.913
eV2X 时延	3~10ms	3GPP TR38.913
前传时延(AAU-DU)	$100\mu s$	eCPRI

5G 新的帧结构要求 ±390ns 的时间同步精度;在不同站点间的载波汇聚(inter-site CA)和基站联合发送对同步提出的要求更高,从 4G 的 ±1.5μs 提升到 5G 的 ±130ns 时间同步精度,此时对传输单节点精度要求达到 ±5ns。同时,定位准确性和时间同步精度强相关。

3) 网络切片需求

5G 的 eMBB、uRLLC、mMTC 三大应用场景对传输网的需求不同,参见表 3-3。

表 3-3 5G 三大应用场景时传输网的需求

应用场景	典型业务	需求
eMBB	超高清视频、云办公、游戏、VR/AR	大带宽、大吞吐率、高移动性
uRLLC	自动驾驶、远程医疗、工业自动化	高可靠性、低时延
mMTC	智能居家、智能城市、物联网	大连接数、低移动性、低速率、低功耗

5G 三大应用场景对网络提出了不同的需求。如果每种场景都独立新建网络,则建网成本巨大;而如果使用同一个网络传输所有的业务,则超高带宽、超低时延、超高可靠性等需求很难同时满足。因此,5G 提出了网络切片的概念,即在同一个硬件基础设施中切分出多个虚拟的端到端网络,每个切片网络在设备、接入网、承载网及核心网等方面都实现业务隔离,适配各种类型的服务并满足用户的不同需求。

针对 eMBB、uRLLC 和 mMTC 这 3 种不同场景的业务对带宽、时延、服务质量等不同的要求分配不同的网络资源,这就要求 5G 承载网提供网络切片的能力。利用网络切片可以将不同业务所需的网络资源灵活地动态分配和释放,并进一步动态优化网络连接,降低网络成本,提高效益。

2. SPN 标准的发展

基于以上背景,国内主流运营商联合国内外通信设备厂商、芯片厂商、研究机构等共同提出了 SPN(切片分组网络)技术,以应对 5G 业务的承载需要。

SPN 是在承载 3G/4G 回传的分组传送网络(PTN)技术基础上,面向 5G 和政企专线等业务承载需求,融合创新而提出的新一代切片分组网络技术方案。

2019 年,SPN 得到国际标准化组织 ITU-T SG15(国际电信联盟第 15 研究组)立项,形成了 MTN(Metro Transport Network,城域传送网络)系列国际标准。2020 年 9 月,在 ITU-T SG15 全会上,MTN 首批三大核心标准获得通过并发布。

目前,SPN 技术已经成为国内主流的 5G 承载网技术之一。SPN/MTN 国际标准体系如图 3-1 所示。

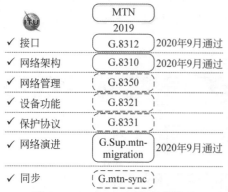

图 3-1 SPN/MTN 国际标准体系

3.1.2 SPN 的技术架构

SPN 是面向 5G 承载提出的创新技术体系,是以以太网内核为基础的新一代融合承载网络架构,可实现大带宽、低时延、高效率的综合业务传输。

SPN 采用基于 ITU-T 分层网络的架构,支持对 IP、以太网、CBR[Constant Bit Rate,恒定比特率业务,主要指 CES(Circuit Emulation Service,电路仿真业务)、CEP(Circuit Emulation Packet,基于分组报文的电路仿真业务)、CPRI(Common Public Radio Interface,通用公共无线接口)、eCPRI(Evolved CPRI,演进的 CPRI,指支持 5G 前传网络的 CPRI 接口)]的综合承载。SPN 的技术架构包括切片分组层(Slicing Packet Layer,SPL)、切片通道层(Slicing Channel Layer,SCL)、切片传送层(Slicing Transport Layer,STL),如图 3-2 所示。

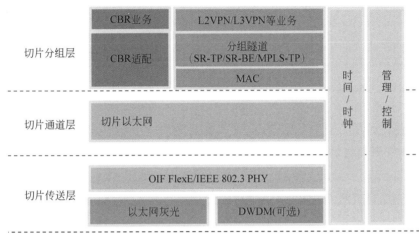

图 3-2　SPN 的技术架构

1. 切片分组层

切片分组层用于分组业务处理,实现对 IP、以太网、CBR 业务的寻址转发和传输管道封装,传输 L2VPN、L3VPN、CBR 透传等多种业务类型。切片分组层通过提供基于 SR 增强的 SR-TP/SR-BE 隧道以及 MPLS-TP 隧道,提供面向连接和无连接的多类型传输管道。

SR-TP 隧道用于面向连接的点到点业务传输,提供基于连接的端到端监控运维能力。

SR-BE 隧道用于面向无连接的 Mesh 业务传输,提供任意拓扑业务连接并简化隧道规划和部署。

L2VPN、L3VPN、SR-TP 隧道、SR-BE 隧道详见第 4 章。

SPN 的切片分组层细分为客户业务子层和网络传送子层,其模型如图 3-3 所示。

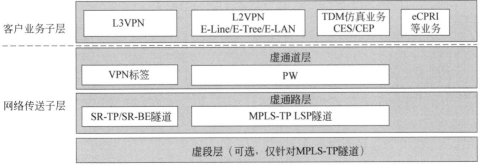

图 3-3　SPN 的切片分组层模型

1）客户业务子层

客户业务子层包括业务信号处理和业务封装处理。

- 业务信号处理包括对分组报文（二层以太报文、三层 IP 报文等）、TDM 业务（E1、STM-N 等）的识别、分流、QoS 保障等处理。

- 业务封装处理是按不同业务封装要求，提供以太网点到点业务（E-Line）、以太网点到多点业务（E-Tree）、以太网多点到多点业务（E-LAN）、IP 多点到多点业务（L3VPN）、TDM 仿真（CES、CEP）业务、CBR 透传业务等的承载服务。

2）网络传送子层

网络传送子层提供 SR-TP 隧道、SR-BE 隧道或 MPLS-TP 隧道，包括虚通道层、虚通路层和虚段层，以实现分组业务的分层承载、OAM 检测和保护能力。

（1）虚通道（Virtual Channel，VC）层用于标识单个客户业务实例及连接，提供点到点（P2P）或点到多点（P2MP）的业务连接服务。虚通道对于 L2VPN 业务为伪线（Pseudowire，PW）连接；对于 L3VPN 业务为 VPN 标签。对于 L2VPN 业务，虚通道层可提供 OAM 功能，监视客户业务并触发子网连接（Sub-Network Connection Protection，SNCP）保护。

（2）虚通路（Virtual Path，VP）层为业务提供 MPLS-TP 或 SR 承载隧道，在网络中为分组业务生成逻辑隔离的转发路径。SPN 可采用 SR-TP 隧道、SR-BE 隧道或 MPLS-TP 隧道。

（3）虚段层（Virtual Section，VS）只针对 MPLS-TP 隧道，提供相邻节点间的点到点连接能力，并为虚通路层提供底层服务。

2. 切片通道层

切片通道层采用基于 TDM 时隙（时分复用模式）的 MTN 路径（MTN path）和 MTN 分段（MTN section）技术，提供硬管道交叉连接能力，通过创新的切片以太网（Slicing Ethernet，SE）技术，对以太网物理接口、FlexE 绑定组实现时隙化处理，为多业务传输提供基于 L1 层的低时延、硬隔离切片通道。基于 SE 通道的 OAM 和保护功能，可实现端到端的性能检测和故障恢复能力。SPN 的切片通道层模型如图 3-4 所示。

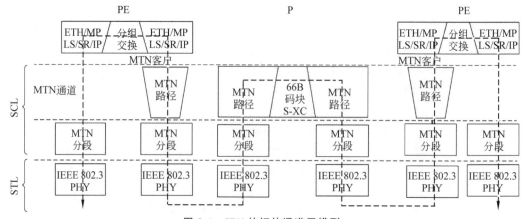

图 3-4　SPN 的切片通道层模型

SPN 的切片通道层包含如下技术：

（1）MTN 通道（MTN channe）。基于 IEEE 802.3（50GE 及以上的接口）以太网 66B 码

块序列交叉连接(S-XC)的通道,实现端到端切片通道 L1 层组网。

(2) S-XC。基于以太网 66B 码块序列的 L1 通道交叉技术。

(3) MTN 路径层及其 OAM 开销。基于 IEEE 802.3(50GE 及以上的接口)以太网 66B 码块扩展,用 OAM 码块替换 IDLE 码块,实现 MTN 路径层的 OAM 功能。

(4) MTN 分段层帧结构及其 OAM 开销。重用 OIF FlexE 帧结构、子速率、绑定等功能逻辑的 MTN 分段层网络接口及其告警和性能管理开销功能。

SPN 的切片通道是网络中源节点和宿节点之间的一条传输路径,用于在网络中提供端到端的以太网切片连接,具有低时延、透明传输、硬隔离等特征。采用基于以太网 66B 码块的序列交叉连接技术、MTN 的路径层和分段层帧结构及其 OAM 开销,客户层业务在源节点映射到 MTN 客户(MTN client),网络中间节点基于以太网 66B 码块序列进行交叉连接,在目的节点从 MTN 客户中解映射客户层业务,可实现客户数据的接入/恢复、OAM 信息的增加/删除、数据流的交叉连接以及通道的监控和保护等功能。

3. 切片传送层

切片传送层主要基于 IEEE 802.3 以太网物理层技术(包含物理编码子层、物理介质连接子层和物理介质相关子层)和 OIF FlexE 技术,负责为切片分组层或切片通道层提供物理介质的光传输接口服务,实现高效的大带宽传送能力。以太网物理层包括 50GE、100GE、200GE 等新型高速率以太网灰光接口和波分复用(WDM)彩光接口组网技术,支撑低成本、大带宽组建传输网。

4. 层间复用关系

SPN 可根据应用场景需要选择复用层次。SPN 层间复用关系如图 3-5 所示。

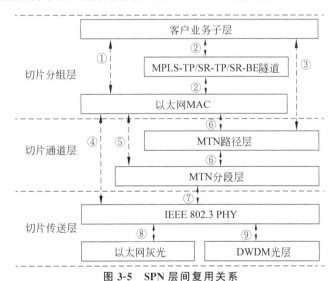

图 3-5　SPN 层间复用关系

(1) 切片分组层的映射路径如下:

- 图 3-5 中①路径针对以太网本地业务,经客户业务子层的适配和二层交换处理后直接映射进以太网 MAC(传统 IEEE 802.3 接口 MAC 或 FlexE 客户的逻辑 MAC)。
- 图 3-5 中②路径针对 L2VPN、L3VPN 业务以及 CES/CEP 等电路仿真业务,经客户业务子层的适配后映射进 MPLS-TP 隧道(针对 L2VPN、CES/CEP 仿真业务)、SR-

TP 或 SR-BE 隧道(针对 L3VPN 业务)后,再映射进以太网 MAC(包括传统 IEEE 802.3 接口 MAC 或 FlexE 客户的逻辑 MAC)进行处理。

- 图 3-5 中③路径主要针对 IEEE 802.3 的以太网 RAW 封装格式的超长帧业务和 eCPRI 等业务,经客户业务子层的适配处理后直接映射进切片通道层的 MTN 路径 层和 MTN 分段层,通过切片通道层实现低时延和大带宽传送,具体实现机制尚需 研究。

(2) 切片通道层的映射路径如下:

- 图 3-5 中④路径是将以太网 MAC 直接映射进 IEEE 802.3 PHY,不进行切片通道层 处理,主要满足传统 IEEE 802.3 以太网接口应用,是兼容传统 PTN 的业务映射 路径。
- 图 3-5 中⑤路径是将以太网 MAC 作为 MTN 客户直接映射进 MTN 分段层的接口 时隙分配表中,不进行切片通道层的 MTN 路径层 OAM 和 S-XC 处理。
- 图 3-5 中⑥路径是在源宿端点将以太网 MAC 作为 MTN 客户适配进 MTN 路径 层,经过以太网 66B 码块序列交叉处理,并增加 MTN 路径层的 OAM 和保护机制, 然后再映射复用到 MTN 分段层的接口时隙分配表中传送。

(3) 切片传送层的映射路径如下:

- 图 3-5 中⑦路径是将切片通道层的 MTN 分段接口信号映射到 IEEE 802.3 PHY 的 PMD 和 PMA 中。
- 图 3-5 中⑧路径是将切片传送层的 IEEE 802.3 PHY 适配到网络侧的以太网灰光接 口以实现收发业务,满足短距离应用场景。
- 图 3-5 中⑨路径是将切片传送层的 IEEE 802.3 PHY 适配到 DWDM 光层的相干光 接口传输,满足大容量、长距离的多波长彩光接口应用场景。

3.1.3 SPN 的技术特点

SPN 是面向 5G 承载提出的创新技术体系,可实现大带宽承载、按需的网络切片、高精 度同步等特征,满足 5G 承载的需求。其技术特点如下:

(1) 大带宽承载。SPN 支持 FE、GE、10GE、25GE、50GE、100GE、200GE、400GE 等类 型的以太网业务接口,还支持 E1、STM-1 等传统 SDH(Synchronous Digital Hierarchy,同 步数字体系)业务接口,满足 5G 前传、中传、回传各类承载场景的需要,同时支持 4G 等业务 承载,最大可以提供 400GE 的大带宽传输。

(2) 网络切片。SPN 可根据业务特性需要,对高速率接口进行精细化划分,构成切片网 络,实现不同业务独立切片网络传输,相互隔离。

(3) 灵活连接。SPN 具备端到端 L3 路由能力,对不同业务构建灵活的 VPN 连接,实 现 AAU 到 CU 与 DU、核心网功能之间的灵活连接。

(4) 高精度时钟。SPN 通过支持 IEEE 1588v2 PTP(Precision Time Protocol,精准时 间协议)技术实现上下游 SPN 节点的时间同步,并通过以太网业务接口或 1PPS+TOD 接 口将高精度同步信息传递给 5G 基站。

(5) 统一协调管控。SPN 的分组传送架构使其能与 SDN 的集中化智能控制相结合,为 5G 承载提供高效传送能力、电信级的高可靠性、端到端的 QoS 保障。

3.1.4　SPN 的关键技术

SPN 通过以下关键技术实现各项技术特点：

（1）切片技术。为实现基于业务的网络切片，SPN 采用了切片以太网技术，为多业务传输提供切片通道。FlexE(Flexible Ethernet,灵活以太网)是切片以太网的基础，可以实现基于 PHY 层(物理层)的切片转发，实现业务带宽的扩展、分割等按需调整。

（2）IS-IS 协议。SPN 的端到端 L3VPN 能力是通过 IGP IS-IS 协议实现的。IS-IS 协议为 SPN 的控制平面提供网络拓扑状态发现和隧道控制能力，以生成隧道转发路径，支持隧道本地保护功能，最终为业务的灵活组网创建 VPN 连接。

（3）VPN 和隧道技术。SPN 通过创建 L2VPN、L3VPN 连接实现 5G 基站到核心网、企业专线等业务的承载，VPN 的跨段连接是通过创建标签并据此装入相应隧道实现的。SPN 使用了 3 种公网隧道：MPLS-TP 隧道、SR-TP 隧道、SR-BE 隧道。

（4）统一管控。SPN 与 SDN 相结合，构建可管、可控、灵活可靠的 L3 连接，通过开放性的应用和服务，能增强网络资源的智能化调度能力，帮助客户实现对网络资源的扁平化管理，从而提升运维管理和业务运营效率。

3.2　切片技术

3.2.1　网络切片

1. 网络切片的含义

5G 的 eMBB、uRLLC、mMTC 三大应用场景在带宽、时延、连接上的要求差异巨大，所需的服务质量不同，如果分别为其搭建网络，建设成本高，也势必增加维护成本。为应对差异化传送需要，5G 引入了网络切片的概念，在同一个基础物理网络上提供不同的网络切片，以满足不同场景的服务质量要求。

网络切片是指对网络中的拓扑资源(如链路、网元、端口)及网元内部资源(如转发、计算、存储等资源)进行虚拟化，形成虚拟资源，然后按需组织形成虚拟网络，即切片网络。

一个物理网元可以将其转发、计算、存储等资源虚拟成多个逻辑网元(vNode)，一条物理链路可以虚拟成多个逻辑链路(vLink)。网络切片将虚拟的 vNode 和 vLink 组合构成多个虚拟网络(vNet)。vNet 具有类似物理网络的特征，切片形成的虚拟网络和物理网络类似，包含逻辑独立的管理平面、控制平面和转发平面，虚拟网络间相互隔离。

2. 网络切片的实现

网络切片的实现分为 3 个步骤：创建虚拟网元、创建虚拟链路、将虚拟网元和虚拟链路组成网络切片。

1）创建虚拟网元

在单一网元即单一设备上创建虚拟网元和虚拟端口，后者又可划分为虚拟客户侧端口和虚拟网络侧端口，如图 3-6 所示。

物理节点 Node1 被划分为两个虚拟网元 vNode1 和 vNode2，vNode1 具有虚拟客户侧端口 vUNI1 和虚拟网络侧端口 vNNI1，vNode2 具有虚拟客户侧端口 vUNI2 和虚拟网络侧端口 vNNI2。

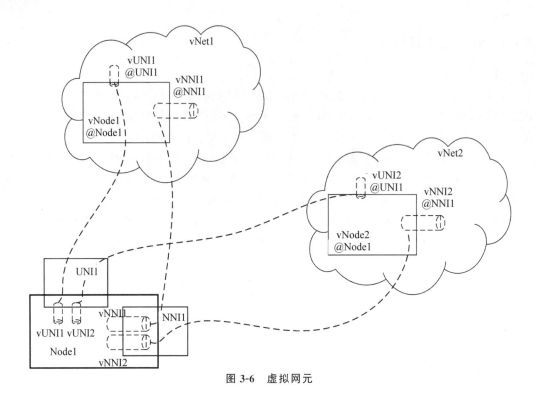

图 3-6　虚拟网元

2）创建虚拟链路

利用隧道创建上述虚拟网元之间的虚拟链路,虚拟网络侧端口是虚拟链路的端点,也是隧道的端点。

根据网元支持的承载技术的不同,隧道分为 LSP(Label Switched Path,标签交换路径)隧道、SR(Segment Routing,分段路由技术)隧道、FlexE 隧道、ODUk(Optical channel Data Unit,光通路数据单元)隧道等。

3）创建网络切片

将上述步骤形成的虚拟网元和虚拟链路组合成网络切片,如图 3-7 所示。

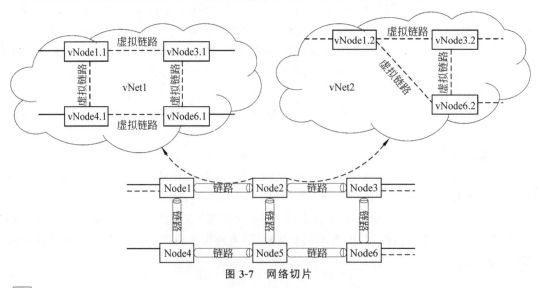

图 3-7　网络切片

利用隧道技术创建的虚拟链路抽象了实际的物理网络,屏蔽了非同一个虚拟网络中的其他物理节点。网络切片的用户只需要知道自己业务所在的虚拟网络结构,无须感知物理网络结构。

3. 网络切片的场景

承载于虚拟网络上的业务,看到的是独立的虚拟网络,并不感知物理网络,而虚拟网络到物理资源的映射由控制平面和转发平面完成。创建切片后,用户对网络是否虚拟化没有感知,看到的切片资源就如同物理资源一样,可以利用这些资源进行业务创建、删除、查询等操作,同时也可以查看资源的使用情况。

根据用户对于网络资源的控制范围,网络切片主要分为下面两种场景。

1)边缘节点切片

在边缘节点切片场景下,用户只控制网络边缘设备及业务接入端口资源,如图 3-8 所示,PE 节点的实线端口为一组,虚线端口为一组,中间 P 节点及端口没有进行资源切片。虚拟化后实线端口资源的使用者可以看到如图 3-9 所示的网络拓扑,虚线端口资源的使用者可以看到如图 3-10 所示的网络拓扑。

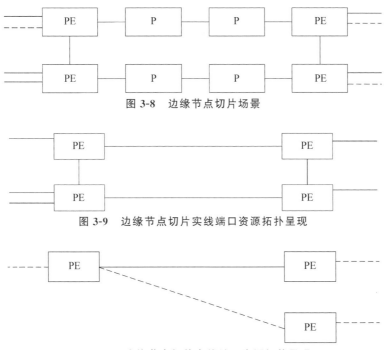

图 3-8　边缘节点切片场景

图 3-9　边缘节点切片实线端口资源拓扑呈现

图 3-10　边缘节点切片虚线端口资源拓扑呈现

VPN 之间的隧道建立后,控制器收到创建请求,根据业务需求创建 L2VPN 或 L3VPN 业务。用户可使用接入端口的资源,包括 QoS 的配置、VLAN 的配置、IP 地址配置等,并可查看 PE 之间的网络连接情况。

2)网络整体切片

在网络整体切片场景下,用户可以控制网络中所有设备及所有端口资源,如图 3-11 所示。实线为一组,虚线为一组,控制器对两组资源分别进行管理,实线端口资源的使用者可以看到如图 3-12 所示的网络拓扑,虚线端口资源的使用者可以看到如图 3-13 所示的网络拓扑。

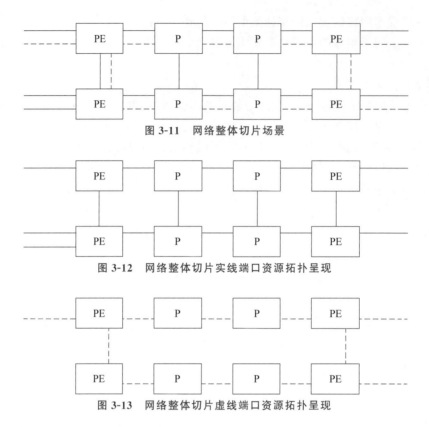

图 3-11　网络整体切片场景

图 3-12　网络整体切片实线端口资源拓扑呈现

图 3-13　网络整体切片虚线端口资源拓扑呈现

用户可以看到网络 P 节点,进行路径的计算,创建 L2VPN、L3VPN 业务。为了保证标签、VPN ID 等资源不冲突,控制器需要对每个网元以及整体业务的逻辑资源进行分组。

4. SPN 网络切片架构

SPN 支持同一物理网络虚拟化为多个独立的逻辑网络,各逻辑网络有独立的网络资源。SPN 网络切片架构由基础网络层、切片资源层、切片管控层和应用/协同层构成,如图 3-14 所示。

基础网络层由 SPN 物理网元和物理链路组成。SPN 物理网元和物理链路具备资源虚拟化和隔离能力,即物理网元可以虚拟化为多个逻辑网元、物理链路可以虚拟化为多个逻辑链路。

切片资源层对物理网络虚拟资源进行规划、分配,将逻辑网元和逻辑链路组合成逻辑网络,即网络切片。

切片管控层为网络切片提供集中管理和控制服务,并提供北向接口开放网络切片能力。经过切片管控层的协调控制,可为业务承载提供具体的 VPN 连接。

应用/协同层基于切片管控层开放的北向接口提供应用服务。

5G 业务的网络切片如图 3-15 所示。基于 FlexE 技术可以实现基于 PHY 层的切片转发,提供刚性管道隔离,为实现基于业务的网络切片提供最好的转发平台。

5. 承载网网络切片的特点

网络切片具有以下 6 个特点:

(1)网络重构性。通过虚拟化形成切片网络,在网络拓扑、节点能力方面可以根据业务

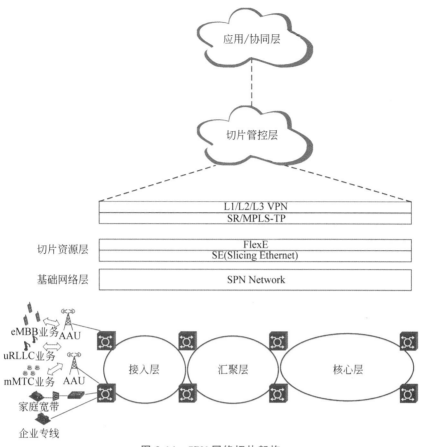

图 3-14 SPN 网络切片架构

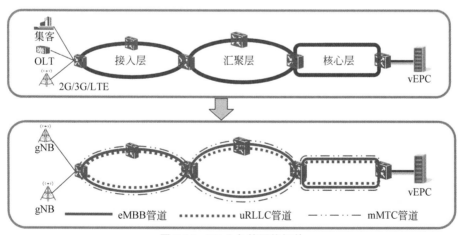

图 3-15 5G 业务的网络切片

需要进行网络重构。每个切片网络具有各自特定的带宽、时延等,不同的切片网络彼此隔离,拥有各自独立的拓扑结构和网络资源,从而满足不同的 5G 业务传输需求。

(2)切片网络和物理网络具有相似性。类似于物理网络,切片网络同样向上层业务提供网络资源,屏蔽了切片网络与物理网络的差异。EPL/EVPL、EPLAN/EVPLAN 等业务可直接部署在切片网络之上,与物理网络的部署无差异。

(3)业务层和物理网络解耦。业务是建立在切片网络之上的,从而使业务层与物理网络解耦,简化了业务的部署,有利于网络的管理和运维。

(4)切片网络的转发平面隔离。不同切片网络的转发面彼此隔离,其隔离性取决于采用的转发平面切片技术,切片技术分为硬切片和软切片。硬切片是在 L1 或光层基于物理刚性管道的切片技术,如 FlexE 技术、OTN 技术、WDM 技术;软切片是在 L2 或以上基于统计复用的切片技术,如 SR、MPLS-TP 的隧道技术/伪线技术以及基于 VPN、VLAN 等的虚拟化技术。

(5)切片网络的控制平面及管理平面隔离。不同切片网络的控制平面及管理平面彼此隔离。

(6)切片网络的业务隔离。不同切片网络上的业务彼此隔离。

各切片网络能加载不同的应用协议,支持独立部署和升级。通过网络切片生命周期的管理,可实现业务的快速部署开通、资源的共享和灵活调度。由于网络切片减小了网络规模并简化了网络拓扑,也使运维管理更加便捷、高效。

3.2.2 FlexE 技术

FlexE 技术是切片以太网的基础,可对高速率接口进行精细化划分,实现不同低速率业务在不同切片中传输,相互之间物理隔离。FlexE 技术具有子管道特性和物理层交叉特性,在传输网络上可以构建端到端的 SPN 刚性管道,每种业务在各自的管道中传输,彼此互不影响。5G 的 eMBB、mMTC 和 uRLLC 三大应用场景对传输资源的要求各不相同,采用 FlexE 技术能很好地实现在同一个物理传输网络上满足三大应用场景业务的不同需求。

1. FlexE 技术背景

1980 年,基于 IEEE 802.3/1 开放标准出现了原生的以太网(Native Ethernet),原生以太网关键技术是变长数据流的封装和流量的统计复用,实现了网络的互联互通,典型组网方式是采用数据交换机的组网。

2000 年出现了面向运营商网络的电信以太网(Carrier Ethernet),如电信级的城域网、3G/4G 承载网和专线接入服务,引入 IP/MPLS 技术,具备 QoS 保障、OAM、保护倒换和高性能时钟等电信级功能。典型的网络为中国移动的 PTN 和中国电信的 IPRAN。

2015 年,OIF(Optical Internetworking Forum,光互联网结论)在电信以太网基础上引入了切片技术,形成了新的以太网,即灵活以太网(FlexE),主要面向 5G 网络中的云服务、网络切片以及 AR/VR/超高清视频等时延敏感业务需求,实现了接口技术创新、大端口演进、子速率承载、硬管道隔离等,从而在网络上实现了智能端到端链路,满足了低时延等业务的需要。

在以太网技术标准中,以太网 MAC(Media Access Control,介质访问控制)报文速率和物理通道(PHY 层)的速率始终保持同步发展。但是当以太网业务速率提升到 100GE 以上时,物理通道的速度发展遇到瓶颈,速度提升缓慢,并且高速物理通道的价格偏高。例如,400GE 光模块的价格远超 4 个 100GE 光模块的价格。FlexE 技术实现了业务速率和物理通道速率解耦,使物理通道速率不再等于客户业务速率。业务也可以由多个物理通道捆绑形成的虚拟逻辑通道传递,解决了高速物理通道性价比不高的问题。传统的解决方法是采用链路聚合组(Link Aggregation Group,LAG)将多个物理链路捆绑在一起,但 LAG 捆绑方式效率低(最低达 60%～70%),且 LAG 采用哈希算法,存在哈希结果不均的问题,对单一大流量业务还存在哈希算法失灵等缺点。另外,LAG 方式还存在业务之间耦合度高、隔离性差的问题,同时,LAG 绑定后,无法平滑无损地进行切换。

2. FlexE 分层模型

FlexE 技术的初衷是实现业务速率和物理通道速率解耦,物理通道速率不再等于客户业务速率。业务速率和物理通道速率相互独立,客户业务速率可以是多样的,物理通道的速率也可以是灵活的。例如,客户业务速率是 400GE,但物理通道速率是 100GE 或其他速率(如 $n×100GE$ 或 $n×200GE$),如图 3-16 所示。

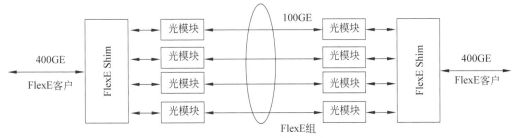

图 3-16　FlexE 端口绑定示意图

FlexE 客户用于表示不同制式的网络接口,兼容 IP/以太网主流接口。FlexE 客户允许对带宽进行灵活配置,可按照业务需求将带宽调整至各种速率的 MAC 数据流,速率可以是10GE、25GE、40GE、$n×50GE$,可扩展支持 $n×5GE$(目前最小颗粒为 5GE)。同时,FlexE 客户使用 64/66 编码(IEEE 802.3 标准中定义的一种物理层编码子层的编码,由 2 比特的同步头和 64 比特数据载荷构成)将数据流传输到 FlexE Shim 层。

FlexE Shim 用于表示映射或解映射 FlexE 组上的客户的逻辑层,位于以太网传统架构的 MAC 层与物理层(PCS)之间。FlexE Shim 是 FlexE 技术的核心架构,主要负责实现基于 Calendar 的时隙复用机制。

FlexE 组是一个 FlexE 协议组,用于表示物理层合集,包含 1～n 个绑定的以太网 PHY层,即一个 FlexE 组中通常包含多个成员。本质上,FlexE 组是 IEEE 802.3 所规定的各类以太网物理层,FlexE 架构复用了 IEEE 802.3 的以太网技术,使其兼容了当前以太网物理的 MAC 层/PHY 层。

FlexE 1.0 标准定义物理层速率是 100GE,目前没有定义为其他速度的物理层,也不支持不同速率的物理层的混合应用。目前最新的标准是 2019 年 7 月提出的 FlexE 2.1。

3. FlexE Shim 层

FlexE 技术的实现是在 IEEE 802.3 协议栈的 MAC 层和物理编码子层(Physical Coding Sublayer,PCS)之间增加一个 FlexE Shim 层,从而将业务逻辑层和物理层隔开,如图 3-17 所示。FlexE 协议定义了一个时分复用的 FlexEShim 层,FlexE Shim 通过多个绑定的物理层承载各种

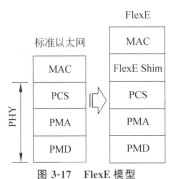

图 3-17　FlexE 模型

IEEE 定义的以太网业务（FlexE 客户），FlexE Shim 层可以支持各种以太网。

MAC 报文包括大于或小于单个物理层速率的以太网报文。传统以太网技术在业务流传递时，以太网数据报文（MAC）业务流经过协调子层（Reconciliation Sublayer，RS）连接物理层，在物理层经过 PCS、FEC（Forward Error Correction，前向纠错）、PMA（Physical Medium Attachment，物理介质连接子层）、PMD（Physical Media Dependent，物理介质相关子层）功能模块后发送出去。其中，在 PCS 功能模块中，对业务流进行 64/66 编码，然后是扰码（scramble）、通道分配（lane distribution）和 AM（告警）信息块的插入。

FlexE Shim 层功能是实现协议的 64/66 编码、TDM 成帧（TDM framing）、分配（distribution）、设置帧头（frame header），其中，64/66 编码功能和 PCS 的 64/66 编码功能相同，因此在 FlexE Shim 层中实现了 64/66 编码功能后，PCS 功能模块中的 64/66 编码可以省去。FlexE Shim 层功能划分如图 3-18 所示。

FlexE Shim 层实现 FlexE 客户和 FlexE 组之间的映射/解映射功能，与 FlexE 组是一一对应的。

FlexE 客户通过 FlexE Shim 层承载，FlexE Shim 层通过 FlexE 组进行传送。FlexE Shim 层采用时分复用方式，通过多个绑定的物理通道承载各种 IEEE 定义的以太网业务，如图 3-19 所示。

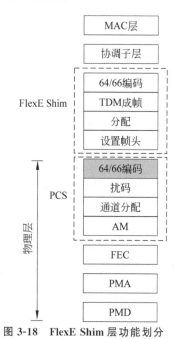

图 3-18　FlexE Shim 层功能划分

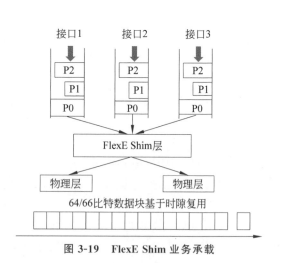

图 3-19　FlexE Shim 业务承载

4. FlexE 时隙划分

FlexE 使用 Calendar 机制完成 FlexE 客户和物理层端口之间的时隙分配，Master Calendar 将所有时隙分成 n 组，每组 20 个时隙，由每个 Sub Calendar 承载；每个 100GE 速率的物理层有 20 个时隙，每个时隙代表 5GE 的速率。

FlexE 协议定义每个物理成员（速率为 100GE）上传递一个 Sub Calendar，按照 20 个 5GE 时隙划分。

FlexE Shim 层是一个 Master Calendar(由多个 Sub Calendar 组成),有 $n \times 20$ 个 5GE 时隙(n 为捆绑组的总成员数)。

FlexE 客户的 64/66 比特数据块按照时隙方式间插到 FlexE Shim 层,10GE、25GE、40GE、$n \times 50$GE 的 FlexE 客户分别在 FlexE Shim 层占用 2 个、5 个、8 个、$n \times 10$ 个 5GE 时隙。

在物理层速率为 100GE 时,FlexE Shim 层中有 $n \times 20$ 个时隙(n 是成员数量,每个成员有 20 个时隙),每个时隙代表 5GE 的速率,以 66 比特的数据块作为传送数据的基本单位。

在发送端,FlexE Shim 层将以太网报文进行 64/66 编码,通过速率适配,将业务插入 Master Calendar 中。Master Calendar 将所有时隙分配成多个 Sub Calendar(成员),再添加 FlexE 开销,扰码后经过 PMA、PMD 发送出去。

在接收端,从 PMD、PMA 上恢复信号,经过解扰码,恢复出 66 比特的数据块,寻找 FlexE 开销块,确定 Sub Calendar,用所有 Sub Calendar 拼装出 Master Calendar,再从中找出每个客户业务流,通过速率调整,进行 64/66 反编码,最终恢复出原始客户业务数据。图 3-20 是 4 个成员链路的时隙分配。

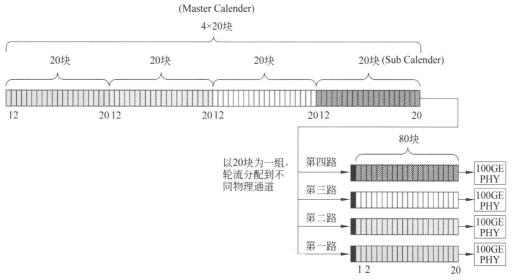

图 3-20　4 个成员链路的时隙分配

在实际应用中,存在单 PHY FlexE 传送和多 PHY FlexE 传送两种情况。

单 PHY FlexE 传送是将多个不同客户侧业务报文配置到 Master Calendar 的不同时隙中,该 Master Calendar 仅包含一个 100GE(20 个时隙)物理通道的 Sub Calendar,该 FlexE 组也仅包含一个 Master Calendar。

多 PHY FlexE 传送首先将多个物理通道绑定成一个逻辑管道 Master Calendar,然后将多个不同客户侧业务报文配置到 Master Calendar 的两个 Sub Calendar 的不同时隙中。

在中间节点,通过 FlexE 交叉单元(switch unit)将不同客户侧业务报文配置在不同的时隙中,传送给不同的 FlexE 组,如图 3-21 所示。

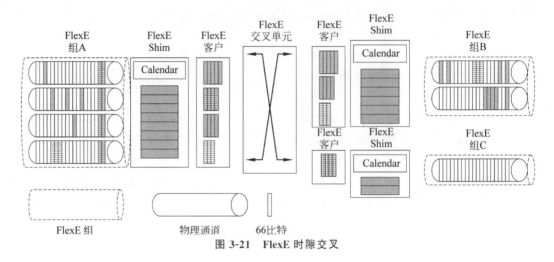

图 3-21　FlexE 时隙交叉

5. FlexE 技术 3 种典型功能应用模式

从上述 FlexE 的架构模型、时隙划分与特性可知,FlexE 技术支持客户根据需要向运行在其上的应用提供灵活的带宽,而不限于物理通道的限制。根据 FlexE 客户与 FlexE 组的映射关系,FlexE 可提供 3 种模式的功能,即链路捆绑模式、子速率模式和通道化模式。

1)链路捆绑模式

链路捆绑模式将多个物理通道捆绑起来,形成一个更大的逻辑通道,实现高速率业务通过低速率物理端口传输,如图 3-22 所示。

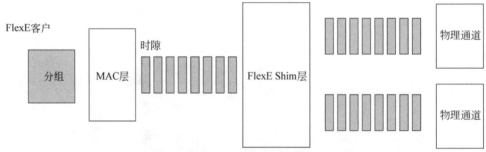

图 3-22　FlexE 技术的链路捆绑模式

在图 3-22 中,为了在承载网中传输一个 200GE 的业务,承载网传输侧将两个 100GE 的物理通道进行 FlexE 链路捆绑,形成一个 200GE 的虚拟通道,从而解决 200GE 数据业务在传输侧的有效传输问题。

2)子速率模式

子速率模式是将一个低速率的业务数据分摊到多个物理通道中承载,通道间物理隔离,如图 3-23 所示。

在图 3-23 中,一个低速率 25GE 业务分摊到两个物理通道中传输,其中一个物理通道只承载 15GE 业务,另一个物理通道承载 10GE 业务。

3)通道化模式

通道化模式是指多个业务共享多个物理通道,业务在多个物理通道上的多个时隙中传递,通道间物理隔离,如图 3-24 所示。

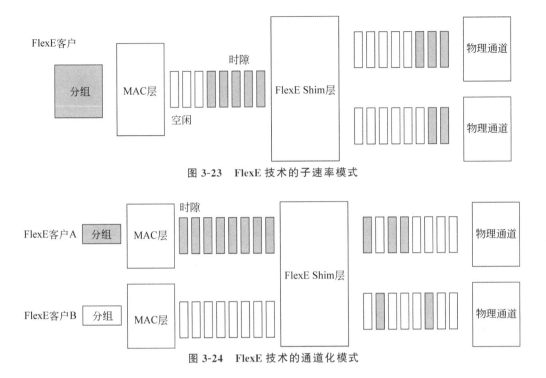

图 3-23　FlexE 技术的子速率模式

图 3-24　FlexE 技术的通道化模式

FlexE 通道化模式可在一个物理通道中承载多个速率不同的业务数据流,也可将多个业务在多个物理通道中承载,业务之间通过时隙隔离,互不影响。

6. FlexE 端到端网络技术

FlexE 承载网模型扩展为两层,即通道层和段层,如图 3-25 所示。

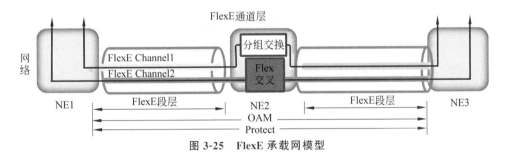

图 3-25　FlexE 承载网模型

FlexE 通道层(FlexE Channel)位于 FlexE 客户数据和 FlexE 段层之间,实现客户数据的接入/恢复、OAM 信息的增加/删除、数据流的交叉连接以及通道的保护。

FlexE 段层(FlexE group)位于 FlexE 通道层和物理层之间,实现接入数据流的速度适配、数据流在 FlexE Shim 层上映射与解映射、FlexE 帧开销的插入与提取。

如图 3-26 所示,网络通过配置 FlexE 的时隙交叉,建立 FlexE 通道层连接,形成跨网元的刚性管道。

业务接入 PE 节点,根据客户业务的 IP 地址实现三层路由,根据客户业务的 MAC 地址实现二层交换、根据客户业务的端口(端口号+VLAN)实现与 PW 间的业务映射,选择承载业务的网络路径和物理端口,FlexE 端口分配带宽进行传输。

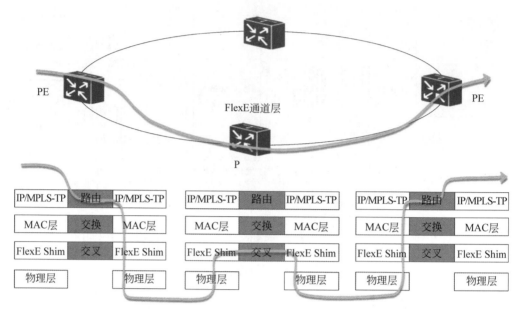

图 3-26　网络应用 FlexE 技术的业务传输模型

在 P 节点上,根据业务传输路径在 PCS 层进行交叉连接。由于 P 节点上客户业务在物理层(PCS 层)进行交叉连接处理,而不是在二层(MAC 层)进行处理,不需要恢复出完整的报文格式;从 FlexE Shim 层恢复出的客户业务是 66 比特的数据块,直接交叉到另一个 FlexE 物理端口;交叉颗粒度是一个 66 比特的数据块,交叉活动是透明的,在交叉过程中不改变传输管道中的任何客户信息,如图 3-27 所示。

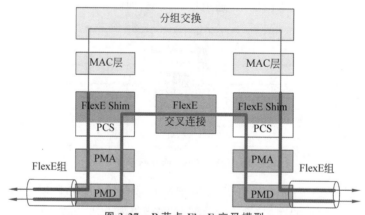

图 3-27　P 节点 FlexE 交叉模型

业务在目的 PE 节点落地,根据路由或交换信息选择输出端口。

在端到端 FlexE 技术应用中,根据客户带宽需求在 FlexE 通道层建立承载客户业务的通道(FlexE tunnel),可以根据客户带宽的动态需求灵活调整通道的带宽。

在 FlexE 段层,一条 FlexE 通道由多个 FlexE 段组成。FlexE 技术端到端业务独立部署场景如图 3-28 所示。

FlexE tunnel/FlexE group 提供 OAM 功能,可以监视服务质量,支持通道层和段层的保护功能,在出现故障时进行保护倒换。

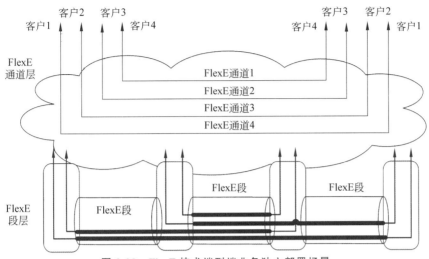

图 3-28　FlexE 技术端到端业务独立部署场景

7. FlexE 在 5G 承载网中的应用

FlexE 技术在逻辑层面可以实现大业务速率(链路捆绑)、子速率、通道化等功能以及网络分片需求,具有灵活扩容、信道化隔离、业务的低时延转发、网络分片承载等特点,这些特点与 5G 承载要求完美契合,受到全球主流运营商、供应商的认可,近两年发展迅速,成为 5G 承载的主流技术之一,被各大标准组织广泛接纳。

首先,FlexE 技术实现了业务带宽需求与物理接口带宽解耦合,通过端口捆绑和时隙交叉技术轻松实现业务带宽的逐步演进:25GE→50GE→100GE→200GE→400GE→xTE。FlexE 带宽扩展技术通过时隙控制,保障业务严格均匀分布在 FlexE 段层的各个物理接口上;通过动态增加或减少时隙数量,根据业务流量变化情况实时调整网络带宽资源占用。

其次,FlexE 技术不仅可以实现大带宽扩展,同时也可以实现高速率接口精细化划分,实现不同低速率业务在不同的时隙中传输,业务之间物理隔离。目前标准的单个 FlexE 时隙的颗粒度是 5GE,即一个 100GE 通道最多可以划分为 20 个 5GE 速率的子通道。有厂商或运营商已经开发出 1GE 的颗粒度,未来 FlexE 的颗粒度有望进一步细化。

再次,融合 FlexE 子通道特性和物理层时隙交叉特性,5G 承载网上可以构建跨网元的端到端 FlexE 刚性通道,中间节点无须解析业务报文,形成严格的物理层业务隔离。

最后,传统分组设备对于客户业务报文采用逐跳转发策略,网络中每个节点设备都需要对数据包进行 MAC 层和 MPLS 层解析,单设备转发时延高达数十微秒。而 FlexE 技术实现了基于物理层的用户业务流转发,用户报文在网络中间节点无须解析,业务流交叉过程近乎瞬间完成,实现了单跳设备转发时延小于 $10\mu s$。

基于 FlexE 技术的 5G 承载应用如图 3-29 所示。

FlexE 技术体系包括 FlexE 交叉、OAM 和保护技术,但 FlexE 技术起初只用来解决大带宽传输问题,在标准制定时重点考虑的是点到点的应用场景需求,在组网应用、端到端承载、业务保护上缺少考虑,因此 FlexE 技术在 5G 承载网中进行组网应用时,对技术标准内容需要进行扩展和完善。

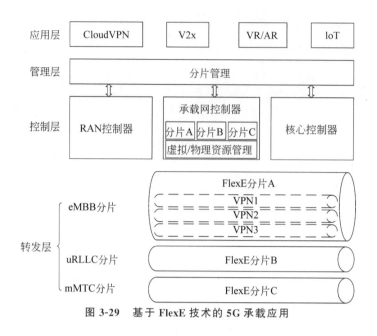

图 3-29　基于 FlexE 技术的 5G 承载应用

3.3　IS-IS 协议技术

网络切片为业务承载划分了虚拟专用的切片网络。为了实现 5G 承载的端到端连接，满足 5G 业务超低时延、超大带宽等多样化需求，5G 承载网需要更加灵活的报文转发方式，这依赖于 IS-IS、OSFP、BGP 等路由协议。

SPN 设备通过 IS-IS 协议发现网络拓扑以及实时拓扑状态，实现业务路由。

3.3.1　IS-IS 协议原理

1. IS-IS 协议的基本概念

IS-IS 协议（全称为中间系统到中间系统的路由选择协议）是由国际标准化组织提出的一种路由选择协议。

早期的 IS-IS 协议被设计用来在 OSI（Open System Interconnection，开放系统互连）协议栈中为 CLNP（Connectionless Network Protocol，无连接网络协议）提供路由。随着 TCP/IP 的发展和盛行，为了提供对 IP 路由的支持，IETF 在 RFC1195 中对 IS-IS 协议进行了扩充和修改，从而使它既适用于 ISO CLNS 网络，也适用于 TCP/IP 网络，同时也适用于这两种类型的混合网络。

IS-IS 协议是一种链路状态协议，工作于网络层，使用 SPF 算法进行路由计算。

2. SPF 算法概述

SPF 算法即最短路径优先算法，典型的 SPF 算法就是 Dijkstra 算法。它以自身为根节点向外层层扩展，直至扩展到终点为止，目的就是计算自身节点到网络拓扑中任意其他节点的代价最小的路径，从而计算路由。

IS-IS 使用链路代价（cost）表示路由度量值，代价越小则路径越优。网络中的节点到相邻节点都有代价。

SPF 算法的特点是优先处理代价最小的节点。以图 3-30 所示的网络为例,介绍 SPF 算法实现路由计算的方法。

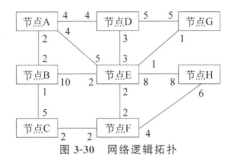

图 3-30　网络逻辑拓扑

1) 建立邻接关系表

根据节点间的物理连接关系生成邻接关系表。只有建立了邻接关系,网络节点之间才会交互各自的链路状态包(Link State Packet,LSP)。表 3-4 为图 3-30 所示的网络中节点 A 的邻接关系表。

表 3-4　节点 A 的邻接关系表

节点 ID	邻居 ID	代　价	节点 ID	邻居 ID	代　价
节点 A	节点 B	2	节点 A	节点 D	4
节点 A	节点 E	4			

2) 同步链路状态数据库

建立好邻接关系表之后,每个 IS-IS 节点将自己的 LSP 通告给自己的邻居,同时接收邻居通告给自己的 LSP,也会把自己知道的其他节点的 LSP 通告给邻居。每个节点会保存自己收到的 LSP,所有 LSP 的集合称为 LSDB(Link State DataBase,链路状态数据库),如表 3-5 所示。

表 3-5　链路状态数据库

节点 ID	邻居 ID	代　价	节点 ID	邻居 ID	代　价
节点 A	节点 B	2	节点 E	节点 B	2
节点 A	节点 E	4	节点 E	节点 D	3
节点 A	节点 D	4	节点 E	节点 F	2
节点 B	节点 A	2	节点 E	节点 G	1
节点 B	节点 C	1	节点 E	节点 H	8
节点 B	节点 E	10	节点 E	节点 C	2
节点 C	节点 B	5	节点 F	节点 E	2
节点 C	节点 F	2	节点 F	节点 H	4
节点 D	节点 A	4	节点 G	节点 D	5
节点 D	节点 E	3	节点 G	节点 E	1
节点 D	节点 G	5	节点 H	节点 E	8
节点 E	节点 A	5	节点 H	节点 F	6

3) SPF 路由计算

LSDB 同步之后,每个 IS-IS 节点以自己为根,运行 SPF 算法,运行的结果是以自己为根的一棵最短路径树,根据最短路径树就可得到基于 SPF 算法的路由表。

(1) 最短路径树。

从根节点到每一层相邻节点的连接称为树的分枝。在利用 SPF 算法构造最短路径树的过程中,将分枝分为 3 个集合,将节点分为两个集合,每个节点用三元组(根节点 ID,邻居 ID,代价)表示:

- 分枝集合 Ⅰ:被明确分配给构造中的树的分枝,它们将在子树中存在。
- 分枝集合 Ⅱ:这个分枝的邻居分枝被添加到集合 Ⅰ。
- 分枝集合 Ⅲ:剩余的分支,抛弃或不考虑。
- 节点集合 a:被分支集合 Ⅰ 中的分枝连接的节点。
- 节点集合 b:剩余的节点(分支集合 Ⅱ 中有且仅有一个分枝指向这些节点中的每一个节点)。

构造最短路径树时,选择任意一个节点作为集合 a 的仅有成员,并将所有以这个节点为端点的分枝放入集合 Ⅱ 中。开始时集合 Ⅰ 是空的。重复执行下面两步:

步骤 1:分枝集合 Ⅱ 中代价最小的分枝被移除,放入分枝集合 Ⅰ 中,结果其连接的另一个节点也将被从集合 b 传送到集合 a 中。

步骤 2:考虑从这个节点(刚从集合 b 传送到集合 a 的节点)通向集合 b 中所有节点的分枝。如果这个分枝的代价大于集合 Ⅱ 中的相应(具有相同邻居 ID)的分枝,则此分枝被丢弃,放入分枝集合 Ⅲ;否则用它替代集合 Ⅱ 中的分枝,并且丢弃后者。

接着回到步骤 1 重复这一过程,直到集合 Ⅱ 和集合 b 为空,此时集合 Ⅰ 中的分枝就形成了最短路径树。

(2) 基于 SPF 算法的路由表。

最短路径树的构建配合路由算法,上述 3 个分枝集合对应路由选择的以下 3 个数据库:

- 树数据库:对应分枝集合 Ⅰ,通过向该数据库中增加分枝实现向最短路径树中添加链路(分枝)。当算法完成时,该数据库中的信息就可以描述所有从根节点出发到邻居节点的最短路径树。
- 候选对象数据库:对应分枝集合 Ⅱ,按照规则从链路状态数据库向该数据库中复制链路,作为向树数据库添加的候选对象。
- 链路状态数据库:对应分枝集合 Ⅲ,保存所有未经甄选的链路。

假设以节点 A 为根节点,其 SPF 路由算法的步骤如下:

步骤 1:节点 A 初始化树数据库,将自身作为树的根节点,这表示以自己作为自己的邻居,且代价为 0。

步骤 2:在链路状态数据库中,所有描述通向根节点邻居链路的三元组(根 ID,邻居 ID,代价)被添加到候选对象数据库中。

步骤 3:对比从根节点出发的每条链路的代价,候选对象数据库中代价最小的链路被移到树数据库中。如果从根节点出发有两条或更多的链路的代价相同,选择其中一条。

步骤 4:检查刚添加到树数据库的邻居 ID。除了邻居 ID 已在树数据库中的链路之外,将链路状态数据库中描述节点邻居的三元组添加到候选对象数据库中,去除其中具有相同邻居 ID 且到根节点的代价较大的链路。

步骤 5：如果候选对象数据库中还有剩余的项,回到步骤 3;否则终止算法。

算法终止时,在树数据库中,每一个单一的邻居 ID 表示一个节点,至此最短路径树构造完成。

对表 3-5 的 LSDB 执行 SPF 算法的过程如表 3-6 所示。

表 3-6　对表 3-5 的 LSDB 执行 SPF 算法的过程

树数据库	到根节点的代价	候选对象数据库	描 述
(A,A,0)	0		节点 A 以自己为根节点
(A,A,0)	2 4 4	(A,B,2) (A,D,4) (A,E,4)	节点 A 的所有邻居被添加到候选对象数据库中,并选择到根节点代价最小的链路添加到树数据库中
(A,A,0) (A,B,2)	4 4	(A,D,4) (A,E,4)	候选对象中(A,B,2)到达根节点 A 的代价最小,(A,B,2)被添加到树数据库中
(A,A,0) (A,B,2)	4 4 ~~12(2+10)~~ 3(2+1)	(A,D,4) (A,E,4) ~~(B,E,10)~~ (B,C,1)	对于刚加入树数据库中的(A,B,2),以 B 为根 ID 的链路除了已添加到树数据库中的以外都添加到候选对象数据库中。这些链路中,(B,E,10)与已有的(A,E,4)具有相同邻居 ID(E),且(B,E,10)到达根节点 A 的代价为 12,最大,则候选对象数据库中的(B,E,10)被丢弃
(A,A,0) (A,B,2) (B,C,1)	4 4	(A,D,4) (A,E,4)	执行步骤 5,候选对象数据库不为空,重复步骤 3,即(B,C,1)是所有候选链路中到达根节点 A 的代价最小的链路,将其添加到树数据库中
(A,A,0) (A,B,2) (B,C,1)	4 4 5(2+1+2)	(A,D,4) (A,E,4) (C,F,2)	执行步骤 4,对于刚加入树中的(B,C,1),以 C 为根 ID 的链路除了已添加到树数据库中的以外都添加到候选对象数据库中
(A,A,0) (A,B,2) (B,C,1)	4 4 5(2+1+2)	(A,D,4) (A,E,4) (C,F,2)	执行步骤 5,候选对象数据库不为空,重复步骤 3,在候选对象数据库中,(A,D,4)和(A,E,4)到达根节点 A 的代价都为 4,选(A,D,4)加入树数据库
(A,A,0) (A,B,2) (B,C,1) (A,D,4)	4 5(2+1+2) ~~7(4+3)~~ 9(4+5)	(A,E,4) (C,F,2) ~~(D,E,3)~~ (D,G,5)	执行步骤 4,对于刚加入树中的(A,D,4),以 D 为根 ID 的链路除了已在树数据库中的以外都添加到候选对象数据库中。其中(A,E,4)和(D,E,3)有相同的邻居 ID,但(D,E,3)到达根节点 A 的代价为 7,更大(D,E,3)被丢弃
(A,A,0) (A,B,2) (B,C,1) (A,D,4)	4 5(2+1+2) 9(4+5)	(A,E,4) (C,F,2) (D,G,5)	执行步骤 5,候选对象数据库不为空,重复步骤 3,选到达根节点 A 的代价最小的链路即(A,E,4),添加到树数据库中
(A,A,0) (A,B,2) (B,C,1) (A,D,4) (A,E,4)	5(2+1+2) ~~9(4+5)~~ 6(4+2) 5(4+1) 12(4+8)	(C,F,2) ~~(D,G,5)~~ ~~(E,F,2)~~ (E,G,1) (E,H,8)	执行步骤 4,对于刚加入树中的(A,E,4),以 E 为根 ID 的链路除已经在树数据库中的以外,都添加到候选对象数据库中。其中,(C,F,2)和(E,F,2)有相同的邻居 ID 且到根节点 A 的代价分别为 5 和 6,(E,F,2)被丢弃;(D,G,5)和(E,G,1)有相同的邻居 ID 且到根节点 A 的代价分别是 9 和 5,(D,G,5)被丢弃

树数据库	到根节点的代价	候选对象数据库	描　述
(A,A,0) (A,B,2) (B,C,1) (A,D,4) (A,E,4)	5(2+1+2) 5(4+1) 12(4+8)	(C,F,2) (E,G,1) (E,H,8)	执行步骤5,候选对象数据库不为空,重复步骤3,候选对象数据库中(C,F,2)和(E,G,1)到达根节点 A 的代价相同,选(C,F,2)加入树数据库
(A,A,0) (A,B,2) (B,C,1) (A,D,4) (A,E,4) (C,F,2)	5(4+1) ~~12(4+8)~~ 9(2+1+2+4)	(E,G,1) ~~(E,H,8)~~ (F,H,4)	执行步骤4,对于刚加入树中的(C,F,2),以 F 为根 ID 的链路除已经在树数据库中的以外都添加到候选对象数据库中,只有(F,H,4)。它与已有的(E,H,8)具有相同的邻居 ID,且(E,H,8)到达根节点 A 的代价更大,被丢弃
(A,A,0) (A,B,2) (B,C,1) (A,D,4) (A,E,4) (C,F,2) (E,G,1)	9(2+1+2+4)	(F,H,4)	执行步骤5,候选对象数据库不为空,重复步骤3,候选对象数据库中(E,G,1)到达根节点 A 的代价最小,加入树数据库
(A,A,0) (A,B,2) (B,C,1) (A,D,4) (A,E,4) (C,F,2) (E,G,1)	9(2+1+2+4)	(F,H,4)	执行步骤4,对于刚加入树中的(E,G,1),以 F 为根 ID 的链路除已经在树数据库中的以外都添加到候选对象数据库中,已经没有未加入的链路
(A,A,0) (A,B,2) (B,C,1) (A,D,4) (A,E,4) (C,F,2) (E,G,1)			执行步骤5,候选对象数据库不为空,重复步骤3,候选对象数据库中(F,H,4)到根节点 A 的代价最小,加入树数据库
(A,A,0) (A,B,2) (B,C,1) (A,D,4) (A,E,4) (C,F,2) (E,G,1) (F,H,4)			执行步骤4,刚加入树中的(F,H,4)以 H 为根 ID 的链路都已在树中

续表

树数据库	到根节点的代价	候选对象数据库	描　　述
(A,A,0) (A,B,2) (B,C,1) (A,D,4) (A,E,4) (C,F,2) (E,G,1) (F,H,4)			执行步骤 5,候选对象数据库为空,算法终止。最短路径树构造完毕

经过上面的步骤构造的以节点 A 为根的最短路径树如图 3-31 所示。

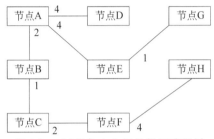

图 3-31　以节点 A 为根的最短路径树

3.3.2　IS-IS 协议在 SPN 网络中的部署

在 SPN 中,需要引入控制平面进行 SR-BE 隧道的转发,SR-BE 隧道用于面向无连接的 Mesh 业务传输,提供任意网络拓扑业务连接并可以简化隧道规划和部署。IS-IS 协议被选择用于 SPN 控制平面,以完成对 SR-BE 隧道的控制。

在 SPN 中,为了隔离故障,提高路由收敛速度,降低网络对设备的要求,采取层次化的方案部署 IS-IS 协议。多进程划域首选骨干汇聚分层方式,次选普通汇聚分层方式。多进程之间路由完全隔离,互不引入。下面分别讲解骨干汇聚分层划域和普通汇聚分层划域的部署方案。

1. 骨干汇聚分层划域

使用 IS-IS 多进程划域隔离核心层和汇聚层网络,同一汇聚环下及下带的接入环部署在同一个 IS-IS 进程中,不同汇聚环及下带的接入环部署不同的 IS-IS 进程中。

1) 组网规范性要求

IGP 部署对组网规范性有一定要求,组网不规范会导致私网路由的规划变得复杂。如图 3-32 所示,在骨干汇聚分层划域方式下,IGP 部署需要满足以下要求:

(1) 归属分域点在骨干汇聚上相邻。

(2) 新建接入环不能双跨不同汇聚环。

(3) 新建接入环不能双跨不同汇聚环下的接入环。

在图 3-32 中,将骨干汇聚对设备作为 IGP 域的分域点。核心环部署进程为 ISIS 1。汇聚环 1 及其所带的接入环部署进程为 ISIS 100,汇聚环 2 及其所带的接入环部署进程为

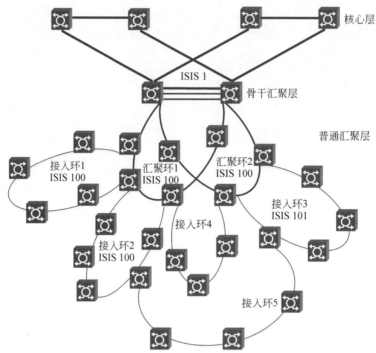

图 3-32　骨干汇聚分层划域的 IGP 部署示例

ISIS 101。接入环 4 跨接在汇聚环 1 和汇聚环 2 的节点下,这是不被允许的。接入环 5 跨接在接入环 2 和接入环 3 的节点下,而接入环 2 和接入环 3 归属两个不同的 ISIS 域,这也是不被允许的。

2) IGP 闭合方案

IGP 域是闭合的,因此需要在骨干汇聚节点之间创建多个三层子接口,从而使各 IGP 域闭合。如图 3-32 所示,在两个骨干汇聚节点之间创建两个三层子接口,分别用于 ISIS 100 和 ISIS 101,从而使两个 ISIS 域闭合。

3) SR-BE 隧道路径选择策略

在 SR-BE 隧道规划中,要避免流量走横向链路,如普通汇聚节点之间、骨干汇聚节点之间。同时,要避免绕行其他同层次的环。

如图 3-33 所示,针对不同层次的 SR-BE 隧道,路径选择策略如表 3-7 所示。

表 3-7　SR-BE 隧道路径选择策略

路径	隧道类型	路径选择
路径①	接入环内 SR-BE 隧道	优先走本接入环,重路由绕行汇聚层,不绕行其他接入环
路径②	汇聚环内跨接入环 SR-BE 隧道	优先走汇聚链路,重路由走骨干汇聚对互连链路,不绕行其他接入环、汇聚环
路径③	跨汇聚环 SR-BE 隧道	优先走短汇聚链路,重路由走长汇聚链路,尽量不走骨干汇聚对互连链路,不绕行其他接入环、汇聚环
路径④	骨干汇聚节点间 SR-BE 隧道	不绕行城域核心互连链路

对于 IGP 分层划域点在骨干汇聚节点的情况,一般不涉及分层。

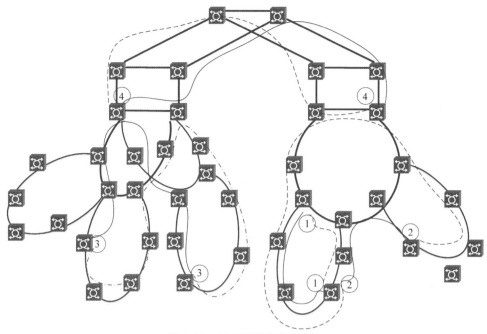

图 3-33　SR-BE 隧道路径选择

2. 普通汇聚分层划域

使用 IS-IS 多进程划域隔离接入层和汇聚层网络,同一汇聚对下的多个接入环部署在同一个 IS-IS 进程中,不同汇聚对下的接入环部署在不同的 IS-IS 进程中。

1) 组网规范性要求

IGP 部署对网络规范性有一定要求,组网不规范会导致私网路由的规划变得复杂。如图 3-34 所示,在普通汇聚分层划域方式下,IGP 部署需要满足以下要求:

(1) 归属分域点必须在同一个汇聚环上,且尽量可能相邻。

(2) 接入环如跨不同汇聚环,IGP 不闭合。

(3) 接入环不能双跨不同汇聚对下的接入环,避免两个接入区域之间形成路由互通。

在图 3-34 中,将普通汇聚对设备作为 IGP 域的分域点。普通汇聚环及以上部署进程为 ISIS 1。汇聚对所带的接入环部署进程为 ISIS 100、101、102 等,可取 100～4000。接入环 1 和接入环 2 均跨接在汇聚环 1 的两个汇聚节点下,接入环 3 和接入环 7 跨接在汇聚环 2 的两个汇聚节点下,符合组网规则。接入环 4 的两边分别跨接在汇聚环 1 和汇聚环 2 的两个汇聚节点下,是不符组网规则的。接入环 6 和接入环 7 均双跨不同汇聚对下的接入环,符合组网规则。

2) 跨汇聚节点的闭合方案

在普通汇聚分层划域方式下,允许接入环归属到不相邻的汇聚节点下,同一对汇聚节点下的所有接入环应放在同一个 ISIS 进程中,汇聚节点间通过三层接口进行闭合,如图 3-35 所示。

3) 汇聚环以上超大组网规划

对于汇聚环以上网元数量大于 500 个节点的超大规模的城市,需要对汇聚环及以上的网络划分层次。

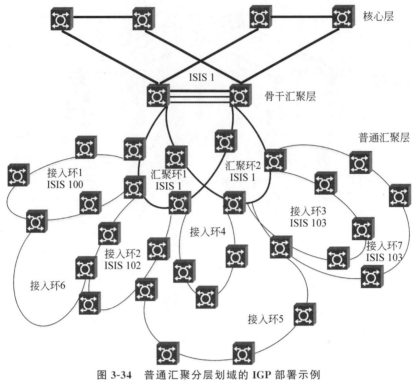

图 3-34　普通汇聚分层划域的 IGP 部署示例

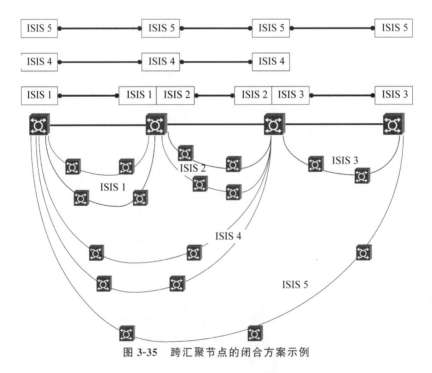

图 3-35　跨汇聚节点的闭合方案示例

如图 3-36 所示,将汇聚环及以上网络进行层次划分。普通汇聚网元作为 Level1 节点,骨干汇聚网元作为 Level1-2(边界)节点,核心网元作为 Level2 节点。同时,对同一对骨干汇聚网元下的汇聚环需要全部划分到同一个区域中。

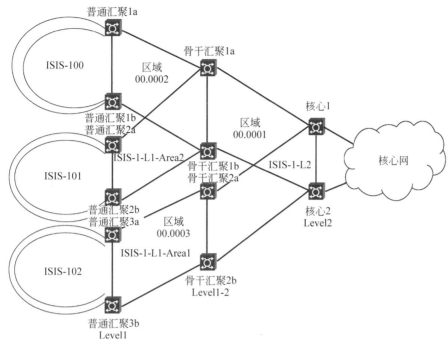

图 3-36　超大组网 IGP 部署示例

通过层次划分可以实现对网络拓扑的隔离,缩小拓扑变化洪泛的范围,从而提高 IGP 的收敛速度。单层次划分的实现要求路由和 SR-BE 隧道是全连通的,因此需要将 Level2 的明确路由全部泄露到 Level1,并且要求路由泄露时携带 Node SID,从而形成全网状 (fullmesh)结构的 SR-BE 隧道。

重点小结

SPN 体系结构分为 3 层:切片分组层、切片通道层和切片传送层。切片分组层实现对 IP、以太网、CBR 业务的寻址转发和传输管道封装;切片通道层通过创新的切片以太网技术,对以太网物理接口、FlexE 绑定组实现时隙化处理,为多业务传输提供基于 L1 层的低时延、硬隔离切片通道;切片传送层基于 IEEE 802.3 以太网物理层技术和 OIF FlexE 技术,实现高效的大带宽传送能力。

网络切片是指对网络中的拓扑资源(如链路、网元、端口)及网元内部资源(如转发、计算、存储等资源)进行虚拟化,形成虚拟资源,并按需组织形成虚拟网络,即切片网络。根据不同的切片层次,可以分为网元切片和网络切片。

FlexE 承载网模型扩展为两层,即通道层和段层。FlexE 通道层位于 FlexE 客户数据和 FlexE 段层之间,实现客户数据的接入/恢复、OAM 信息的增加/删除、数据流的交叉连接以及通道的保护。FlexE 通道属于通道层。FlexE 段层位于 FlexE 通道层和物理层之间,实现接入数据流的速度适配、数据流在 FlexE Shim 上的映射与解映射、FlexE 帧开销的插入与提取。FlexE 段属于段层。

FlexE 技术包含链路捆绑、子速率模式和通道化模式 3 种应用模式。链路捆绑是指将多个物理通道捆绑起来,形成一个大的逻辑通道,实现高速率业务通过低速率物理端口传输;子速率模式是指多个客户业务共享一个物理通道,在物理通道的不同时隙上分别传递多个客户业务,实现业务隔离;通道化模式是指多个客户业务共享多个物理通道,客户业务在多个物理通道上的多个时隙中传递。

IS-IS 路由使用两层路由体系:一般区域(Level1)和骨干区域(Level2),一般区域内的路由器叫做 Level1 路由器,骨干区域内的路由器叫做 Level-2 路由器(骨干路由器),一般区域和骨干区域交界处的路由器叫做 Level1-2 路由器(边缘路由器)。

IS-IS 协议主要支持链路类型广播链路、点到点链路、非广播多路访问链路(可转化为点到点子接口的形式)。

在 IS-IS 协议中,协议报文总共有 9 个,分为 4 种:IS-IS 协议的 Hello 报文(IIH)、链路状态包(LSP)、完全序列号协议数据单元(CSNP)、部分系列号协议数据单元(PSNP),所有的协议报文都根据层次划分为 Level1 和 Level2 的报文。

在 SPN 中,为了隔离故障、提高路由收敛速度和降低网络对设备的要求,IGP IS-IS 部署采取层次化的方案。多进程划域首选骨干汇聚分层方式,次选普通汇聚分层方式。

习题与思考

(1) SPN 体系架构分哪 3 层?各层的作用是什么?
(2) FlexE 技术最小颗粒度的单元大小是多少?
(3) FlexE 技术包含哪 3 种应用模型?
(4) IS-IS 协议主要支持哪些链路类型?
(5) IS-IS 协议报文有哪些?

任务拓展

根据 IGP 部署对组网规范性的要求,以骨干节点为分域点,绘制一张城域网 SPN 组网图,并规划其 IS-IS 进程,要求设置 2 个骨干节点,设置 3 个 IS-IS 域,环网数量和网元节点数量无限制。

学习成果达成与测评

项目名称		基于 SPN 的 5G 承载网		学时	6	学分	0.2
职业技能等级		中级	职业能力	能有效地对 SPN 进行 IGP 域划分，并根据业务规划传送通道		子任务数	6 个
子任务	序号	评价内容	评价标准				分数
	1	5G 的应用场景	掌握 5G 的三类应用场景及其特点				
	2	SPN 体系架构	掌握 SPN 体系结构划分层级及各层级的作用				
	3	网络切片	掌握网络切片的意义及实现方式				
	4	FlexE 技术	掌握 FlexE 技术的原理及其应用				
	5	IGP IS-IS 协议	掌握 IGP IS-IS 协议的原理及其应用				
	6	IGP IS-IS 的部署策略	能够根据 SPN 的大小、业务特性等合理规划 IGP 的分域点，并有效规划 IS-IS 进程				
考核评价	项目整体分数（每项评价内容分值为 1 分）						
	指导教师评语						
备注							

学习成果实施报告书

题目：普通汇聚分层划域下的 IS-IS 进程规划和 SR-SE 路径规划

班级：　　　　　　　　　　姓名：　　　　　　　　　　学号：

任务实施报告

　　采用普通汇聚分层划域，规划一张包含核心层、骨干汇聚层、普通汇聚层、接入网元的 SPN 传送网，在图上清楚地标记规划的分层、IS-IS 进程规划，并绘出接入环内 SR-BE 隧道、汇聚环内跨接入环 SR-BE 隧道、跨汇聚环 SR-BE 隧道、骨干汇聚点间 SR-BE 隧道这 4 种东西向流量业务的工作路径和重路由路径，并简要描述规划内容。

考核评价（按 10 分制）	
教师评语：	态度分数：
	工作量分数：
考核评价规则	

1. 任务完成及时。
2. 操作规范。
3. 实施报告书绘图工整、描述条理清晰、文字流畅、逻辑性强。
4. 没有完成工作量扣 1 分。抄袭扣 5 分。

第 4 章　VPN 及相关技术

知识导读

　　VPN(Virtual Private Network,虚拟专用网)是在网络中为不同业务创建的虚拟专用连接。在 5G 承载网中,网络的带宽容量大,承载能力强,同时承载着不同业务、不同设备间互联的多种类型 VPN 连接。

　　SPN 设备可以简单理解为一个全局路由器(运行 IS-IS 协议)＋多个虚拟路由器(数个静态 L3VPN,一个动态 L3VPN)＋大量二层专线(静态 L2VPN)。静态 L2VPN/L3VPN 用于承载集团客户二层专线、5G 边缘计算、5G 基站等业务,动态 L3VPN 用于 SPN 管理域。

　　VPN 可以通过隧道实现。

　　隧道是一种封装技术,它能在网络中建立一条数据通道(隧道),让数据包通过隧道在网络中传输,以实现在一种网络协议中传输另一种网络协议的数据。

　　在 SPN 中,静态 L2VPN 采用 PWE3 技术封装;L3VPN 使用 3 种公网隧道技术——MPLS-TP、SR-TP、SR-BE 实现。

学习目标

- 了解 VPN 的概念、分类及基本原理。
- 掌握 SPN 隧道技术。
- 了解 PWE3 技术。

能力目标

- 掌握 SR-TP 隧道、SR-BE 隧道原理。
- 掌握 SPN 的 L2VPN、L3VPN 实现原理。

4.1　VPN 概述

　　VPN 泛指在公共网络中建立的虚拟专用通信网络。切片分组网(SPN)总体技术要求中关于 SPN 设备的 VPN 能力描述如下:SPN 设备应满足点对点、点对多点、多点对多点业务承载需求,支持 L2VPN(CES 仿真、CEP 仿真、ATM 仿真、VPWS 专线、VPLS 专网)和静态 L3VPN 业务模型,以及 L2VPN 和 L3VPN 分段部署。为满足 5G 边缘设备 X2/eX2 业务就近、低时延转发需求,SPN 应支持 L3 域扩大至边缘接入的大网 L3VPN 管理能力,以及 L3 域扩大至接入汇聚设备的 L2VPN 和 L3VPN 分段部署能力。

　　VPN 技术具有以下两个基本特征:

　　(1) 虚拟(Virtual)。VPN 用户内部的通信是通过公共网络实现的,而这个公共网络同时也可以被其他非 VPN 用户使用,VPN 用户获得的只是一个逻辑上的专网。

（2）专用（Private）。用户使用 VPN 与使用传统专网没有感知区别。VPN 与底层承载网络之间保持资源独立，即一个用户的 VPN 资源不被网络中非该 VPN 的用户所使用。而且 VPN 能够提供足够的安全保证，确保 VPN 内部信息不受外部侵扰。

从 VPN 用户角度看，VPN 和传统互联网相比主要有如下优势：

（1）安全性。VPN 可实现通过公网在远端用户、驻外机构、合作伙伴、供应商与公司总部之间建立连接，只允许按照相同配置信息的用户访问 VPN，保证数据传输的安全性。

（2）服务质量保证。构建具有服务质量保证的 VPN（如 MPLS VPN），可为 VPN 用户提供不同等级的服务质量保证。

从运营商角度看，VPN 具有如下优势：

（1）增值。在运营商公网之上建立 VPN，可提高网络资源利用率，并增加 ISP（Internet Service Provider，因特网服务提供商）的收益。

（2）灵活。通过软件配置就可以增加、删除 VPN 用户，无须改动硬件设施。

4.2　VPN 的分类

根据 VPN 实现的 OSI 参考模型（OSI-RM）层次的不同，VPN 可以划分为 L3VPN、L2VPN、VPDN。

1. L3VPN

从协议实现方式来说，L3VPN 包括多种类型，例如 BGP/MPLS VPN、以 IPSec 和 GRE 作为隧道的 IPSec VPN 和 GRE VPN 等。其中，BGP/MPLS VPN 主要应用在主干转发层，IPSec VPN、GRE VPN 在接入层被普遍采用。

从标签分配的方式来说，L3VPN 分为动态 L3VPN 和静态 L3VPN。例如，SPN 采用静态 L3VPN，虚拟路由转发的私网标签由网管静态分配，隧道由人工创建和指定。

2. L2VPN

L2VPN 包括 VPWS 和 VPLS。

VPWS（Virtual Private Wire Service，虚拟专用线业务）是使用 IP 网络的虚拟租用线，是对传统租用线业务的仿真，提供非对称、低成本的 DDN（Digital Data Network，数字数据网络）业务。从虚拟租用线两端的用户来看，该虚拟租用线近似于传统的租用线。适合较大的企业通过 WAN（Wide Area Network，广域网）互联。

VPLS（Virtual Private LAN Service，虚拟专用局域网业务）是局域网（LAN）之间通过虚拟专用网段互联，是局域网在 IP 公共网络上的延伸，适合小企业通过城域网（MAN）互联。VPLS 中存在广播风暴问题，同时，PE（运营商边缘设备）要进行私网设备的 MAC 地址学习，协议、存储开销大。

从标签分配的方式来说，L2VPN 分为动态 L2VPN 和静态 L2VPN。SPN 采用静态 L2VPN，由 PWE3 技术实现，可以承载以太网、TDM 等各类业务。

3. VPDN

严格来说，VPDN（Virtual Private Dial Network，虚拟专用拨号网络）也属于 L2VPN，但其网络构成和协议设计与一般的 L2VPN 有很大不同。在对 IP 报文进行封装时，VPDN 需要封装多次，第一次封装使用 L2TP（L2 Tunneling Protocol，L2 隧道协议），第二次封装使用 UDP(User Datagram Protocol,用户数据报协议)。

4.3　VPN 的基本原理

　　VPN 的基本原理是:利用隧道技术把 VPN 报文封装在隧道中,利用 VPN 骨干网建立专用数据传输通道,实现报文的透明传输。

　　隧道技术使用一种协议封装另一种协议的报文,而封装协议本身也可以被其他封装协议封装或承载。

　　隧道技术需要完成的功能如下:

　　(1)封装用户数据。

　　(2)实现隧道两端的连通性。

　　(3)定时检测隧道的连通性。

　　(4)保证隧道的安全性。

　　(5)保证隧道的 QoS 特性。

　　VPN 技术不是一种简单的高层业务,它比普通的点到点应用复杂得多。VPN 的实现需要建立用户各分点之间的网络互联,包括建立 VPN 网络拓扑、计算路由以及维护成员的加入与退出等。因此,VPN 的体系结构较复杂,可以概括为以下 3 个组成部分:

　　(1)VPN 隧道。指 VPN 使用的隧道,包括隧道的建立和管理等功能。

　　(2)VPN 管理。包括 VPN 配置管理、VPN 成员管理、VPN 属性管理、VPN 自动配置(在 L2VPN 中,收到对端链路信息后,建立 VPN 内部链路之间的对应关系)。

　　(3)VPN 信令协议。完成 VPN 中各用户网络边缘设备间 VPN 资源信息的交换和共享(对于 L2VPN,需要交换数据链路信息;对于 L3VPN,需要交换路由信息;对于 VPDN,需要交换单条数据链路直连信息),以及在某些应用中完成 VPN 的成员发现。

　　由于 SPN 使用的是静态 L2VPN 和 L3VPN,因此并不需要 VPN 信令协议,完全由维护人员通过 SPN 网管系统进行管理,VPN 隧道由人工创建和管理。

4.4　隧道技术

　　隧道技术是一种在网络间建立一条数据通道(隧道)以传递数据的方式,使用隧道传递的数据可以是不同协议的数据帧或数据包,不同隧道之间的数据相互隔离。5G 承载网通过 MPLS-TP 技术(Multi-Protocol Label Switching-Transport Profile,基于多协议标签交换的传输子集)、SR(分段路由)技术等实现 MPLS-TP、SR-LSP、SR-TE、SR-TP 和 SR-BE 5 种隧道技术。在 SPN 中仅使用了 MPLS-TP、SR-TP 和 SR-BE 3 种公网隧道技术。

　　(1)MPLS-TP 隧道是静态标签隧道技术,标签完全由网管系统自动分配。

　　(2)SR-TP 隧道和 SR-BE 隧道都是基于 IETF SR(RFC8402)源路由隧道技术进行面向传输领域运维能力增强的新隧道技术。SR-TP 隧道用于面向连接的点到点业务承载,提供基于连接的端到端监控运维能力。SR-BE 隧道用于面向无连接的 Mesh 业务承载,提供任意拓扑业务连接并简化隧道规划和部署。

　　MPLS-TP 隧道、SR-TP 隧道和 SR-BE 隧道使用相同的 MPLS 标签格式,长度为 4 字节。MPLS 标签格式如图 4-1 所示。

Label	TC	S	TTL

图 4-1　MPLS 标签格式

其中：

- Label：标签值，20 位。
- TC：业务分类标识，3 位。
- S：栈底标识，1 位。
- TTL：存活时间（Time To Live），8 位。

4.4.1　MPLS-TP

1. 基本原理

MPLS-TP 隧道最初出现在 PTN 中。本节以 PTN 为例介绍 MPLS-TP 隧道的实现。图 4-2 为 PTN 的网络分层结构

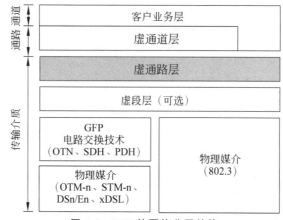

图 4-2　PTN 的网络分层结构

MPLS-TP 隧道即图 4-2 中灰色的虚通路（Virtual Path，VP）层，即标签交换路径（Label Switching Path，LSP）层。MPLS-TP 隧道由虚段（Virtual Segment，VS）层承载（与 SDH 再生段层功能类似）。其中，PTN 的每个组网物理接口都有且只有一个对应的虚段层（可选）。MPLS-TP 隧道承载着虚通道（Virtual Channel，VC）层，即伪线（Pseudo Wire，PW）层（PWE3 技术封装的层次），虚通道层承载客户业务，如以太网、CES（传统 PDH 2M）等业务。

PTN 的每个组网物理接口可以承载多个 MPLS-TP 隧道，一个 MPLS-TP 隧道可以承载多个 PW，一个 PW 对应一个客户的业务，如图 4-3 所示。

MPLS-TP 隧道采用基于标签的转发机制，不采用基于 IP 的逐跳转发机制，且不采用等价多路径（Equal-Cost Multi-Path，ECMP）、倒数第二跳弹出（Penultimate Hop Popping，PHP）和 LSP 合并（merging）功能。所有转发标签由网管系统静态分配和配置。

图 4-4 所示的路由器网络中 IP 报文采用 MPLS 标签转发，PTN 中的 MPLS-TP 隧道标签转发机制与此完全相同（图 4-4 只描述了 RTA→RTD 的单向隧道）：

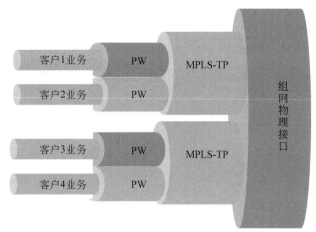

图 4-3　MPLS-TP 隧道与 PW 的承载关系

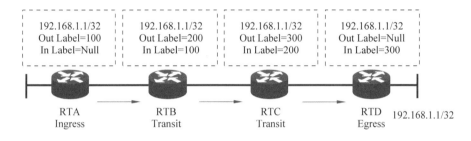

数据流

图 4-4　采用 MPLS 标签转发 IP 报文的路由器网络

2. 报文格式

基于 MPLS-TP 隧道技术的 PTN 对以太网业务的封装应符合 RFC4448 规定,并且以太网业务的 PWE3 控制字部分为必选,基于 MPLS-TP 隧道技术的 PTN 对以太网业务的封装格式如图 4-5 所示。

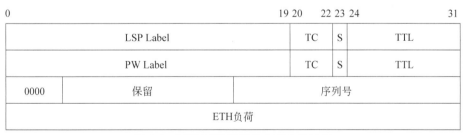

图 4-5　MPLS-TP 封装以太网业务示意

封装结构中各字段描述如下:

(1) LSP Label:外层 LSP 标签,即 MPLS-TP 隧道标签,长度为 20 位。

(2) TC:业务分类标识,3 位。

(3) S:栈底标识,用来进行标签的嵌套,可以使标签无限扩展,长度为 1 位。

(4) TTL:存活时间,长度为 8 位。

（5）PW Label：内层 PW 标签，长度为 20 位。

（6）保留：为控制字区域，长度为 12 位。

（7）序列号：为控制字区域，长度为 16 位。

（8）ETH 负荷：以太网业务净荷，长度可变。

下面介绍抓包及现网配置脚本。

图 4-6 是在 PTN 组网端口抓取的一个客户业务报文（为了保护数据隐私，第 2 行 PTN/SPN 组网端口的 MAC 地址部分显示不全，第 6 行用户数据的 MAC 地址部分显示不全）。可以看到它有两层结构完全相同的标签：外层为 MPLS-TP 隧道标签，Label=82；内层为 PW 标签，Label=88。该专线业务启用了 PW Ethernet Control Word（PW 以太网控制字）功能，客户业务报文（MAC 层及以上）封装于控制字之上。

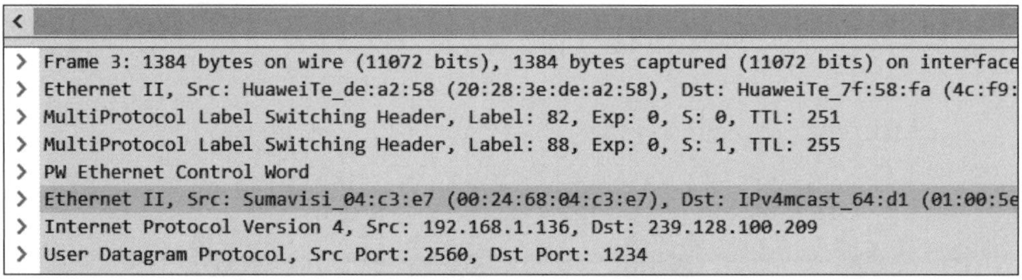

```
<
> Frame 3: 1384 bytes on wire (11072 bits), 1384 bytes captured (11072 bits) on interface
> Ethernet II, Src: HuaweiTe_de:a2:58 (20:28:3e:de:a2:58), Dst: HuaweiTe_7f:58:fa (4c:f9:
> MultiProtocol Label Switching Header, Label: 82, Exp: 0, S: 0, TTL: 251
> MultiProtocol Label Switching Header, Label: 88, Exp: 0, S: 1, TTL: 255
> PW Ethernet Control Word
> Ethernet II, Src: Sumavisi_04:c3:e7 (00:24:68:04:c3:e7), Dst: IPv4mcast_64:d1 (01:00:5e
> Internet Protocol Version 4, Src: 192.168.1.136, Dst: 239.128.100.209
> User Datagram Protocol, Src Port: 2560, Dst Port: 1234
```

图 4-6　在 PTN 组网端口抓取的一个客户业务报文

下面是华为 SPN 中的 MPLS-TP 隧道配置脚本实例。通过 ingress 可以确定脚本所在设备为隧道源节点，隧道类型为 static-cr-lsp，隧道接口为 Tunnel15754/336920605/336920606，正向出接口为 100GE1/0/1，下一跳接口地址为 30.30.30.1，隧道出标签值为 22，未配置带宽约束（ct0 0），隧道反向入标签值为 22，隧道宿节点 LSR ID 为 10.10.10.1，隧道 ID 为 15754。

```
#
bidirectional static-cr-lsp ingress Tunnel15754/336920605/336920606
forward outgoing-interface 100GE1/0/1 nexthop30.30.30.1 out-label 22 bandwidth
ct0 0
backward in-label 22 lsrid10.10.10.1 tunnel-id 15754
#
```

下面是 Tunnel15754/336920605/336920606 隧道接口的详细配置，采用的隧道协议为 MPLS-TE，隧道对端 LSR ID 为 10.10.10.1，信令协议为 cr-static，隧道 ID 为 15754，隧道为双向隧道（mpls te bidirectional）：

```
#
interface Tunnel15754/336920605/336920606
  tunnel-protocol mpls te
  destination 10.10.10.1
  mpls te signal-protocol cr-static
  mpls te tunnel-id 15754
  mpls te bidirectional
#
```

4.4.2 分段路由协议

1. 概述

1）定义

分段路由（SR）协议是基于源路由理念而设计的数据包转发协议。SR 协议将网络路径分成一个个段，并且为这些段和网络中的转发节点分配段标识。通过段和网络节点的有序排列形成段序列，就可以得到一条转发路径。

根据 SR 协议，源节点将段序列编码封装在报文头部，随数据包传输。接收端收到报文后，对段序列进行解析。如果段序列的顶部段标识是本节点时，则弹出该标识，然后进行下一步处理；如果不是本节点，则使用 ECMP 方式将数据包转发到下一节点。

SR 协议是基于 IP/MPLS 转发架构的协议，无须改变现有网络的架构。

2）产生背景

随着时代的发展，网络业务种类越来越多，不同类型的业务对网络的要求不尽相同。例如，实时的 UC&C（Unified Communication and Collaboration，统一通信与协作，例如 IM 及企业移动门户、双录、企业直播）应用程序通常需要低时延、低抖动的路径，而大数据高清视频应用则需要低丢包率的高带宽通道。如果仍按照网络适配业务的思路，则不仅无法匹配业务的快速发展，而且会使网络部署越来越复杂，变得难以维护。

上述问题的解决思路就是业务驱动网络的架构。具体来说，就是由应用提出需求（时延、带宽、丢包率等），控制器收集网络的拓扑、带宽利用率、时延等信息，根据业务需求计算显式路径，如图 4-7 所示。

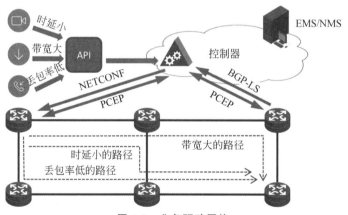

图 4-7　业务驱动网络

分段路由技术正是在此背景下产生的。控制器收集业务需求以及网络特征，通过分段路由协议定义一条匹配业务需求的路径，网络中的节点只需要维护分段路由信息，即可应对业务的实时快速发展。分段路由技术具有如下特点：

（1）通过对现有协议（例如 IGP）进行扩展，能使现有网络更好地平滑演进。

（2）同时支持控制器的集中控制模式和转发器的分布控制模式，在集中控制和分布控制之间取得平衡。

（3）采用源路由技术，提供网络和上层应用快速交互的能力。

3）优势

使用分段路由技术，将带来明显的受益：

（1）简化 MPLS 网络的控制平面。

分段路由技术使用控制器或者 IGP 集中算路和分发标签，不再需要 RSVP-TE、LDP 等隧道协议。分段路由技术可以直接应用于 MPLS 架构，转发平面没有变化。

（2）高效的保护算法。

分段路由技术提供高效 TI-LFA（Topology-Independent Loop-Free Alternate，拓扑无关无环路备份）FRR（Fast Re-Route，快速重路由）保护，实现路径故障的快速恢复。

在分段路由技术的基础上结合 RLFA（Remote Loop-Free Alternate，远端无环路备份路径）FRR 算法，形成高效的 TI-LFA FRR 算法。TI-LFA FRR 支持任意拓扑的节点和链路保护，能够弥补传统隧道保护技术的不足。

（3）具有网络容量扩展能力。

传统 MPLS TE 是一种面向连接的技术，为了维护连接状态，节点间需要发送和处理大量保活（keepalive）报文，设备控制层面压力大。分段路由技术仅在头节点对报文进行标签操作即可任意控制业务路径，中间节点不需要维护路径信息，设备控制层面压力小。

此外，分段路由技术的标签数量是全网节点数＋本地邻接数，只和网络规模相关，与隧道数量和业务规模无关。

（4）更好地向 SDN 平滑演进。

分段路由技术基于源路由理念而设计，通过源节点即可控制数据包在网络中的转发路径。配合集中算路模块，即可灵活、简便地实现路径控制与调整。

分段路由技术同时支持传统网络和 SDN，兼容现有设备，保障现有网络平滑演进到 SDN，而不是颠覆现有网络。

2. 相关概念

首先介绍分段路由技术的相关概念。

（1）段（segment）。节点针对所接收的数据包要执行的指令（包括通过最短路径转发到目的地址、通过特定接口转发数据包、将数据包转发到特定应用/服务的实例等）。其可分为两类即全局段和本地段。全局段能被域内所有 SR 节点识别，在 MPLS 中表示一个全局唯一的标签；本地段只能被生成的 SR 节点识别，在 MPLS 中是 SRGB 范围外的本地标签。

（2）SR 域（S R domain）。SR 节点的集合，可以是连接到相同物理架构的节点，也可以是远端互联的节点。

（3）SID。即 Segment ID，用来标识唯一的段。在转发平面，可以映射为 MPLS 标签。

（4）SRGB（Segment Routing Global Block，分段路由全局块）。SR 节点的本地属性，用户指定的为分段路由预留的本地标签集合，在 MPLS 中指的是为全局段预留的本地标签的集合。

（5）段序列（segment list）。数据包需经过的路径或接口编码的 SID 有序列表，在 MPLS 中指的是 MPLS 标签栈，用来指示数据包转发路径。

（6）活跃段（active segment）。收到数据包的 SR 节点必须处理的段，指的是 MPLS 标签栈的最外层标签。

（7）段行为（segment action）。有 PUSH、NEXT、CONTINUE 3 种。其中，PUSH 指在段序列顶部插入一个段，在 MPLS 中指的是标签栈的最外层标签；NEXT 指当前的活跃段在处理完时被剥离，下一个段就会变成新的活跃段；CONTINUE 指当前的活跃段尚未处理完，继续保持活跃状态。段行为在 MPLS 中相当于进行标签交换的操作。

3. 段的分类

段的分类如表 4-1 所示。

表 4-1　段的分类

标签	生成方式	作　用
前缀段 （prefix segment）	由网络设备厂商网管系统自动分配	• 用于标识网络中的某个目的地址前缀。 • 通过 IGP 扩散到其他网元，全局可见，全局有效。 • 通过前缀 SID 标识。 • 是源端发布的 SRGB 范围内的偏移值，接收端会根据自己的 SRGB 计算实际标签值，用于生成 MPLS 转发表项
邻接段 （adjacency segment）	源节点通过协议动态分配	• 用于标识网络中的某个邻接段。 • 通过 IGP 扩散到其他网元，全局可见，本地有效。 • 通过邻接 SID 标识。邻接 SID 为 SRGB 范围外的本地 SID
节点段 （node segment）	人工配置	是特殊的前缀段，用于标识特定的节点。 在节点的环回（loopback）接口下配置 IP 地址作为前缀，这个节点的前缀 SID 实际上就是节点 SID。

前缀段、邻接段和节点段的示例如图 4-8 所示。

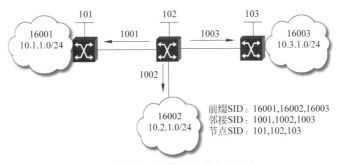

图 4-8　前缀段、邻接段和节点段示例图

通俗地说，前缀段代表目的地址，邻接段代表数据包的外发链路，分别类似于传统 IP 转发中的目的 IP 地址和出接口。在 IGP 区域内，网元设备使用扩展 IGP 消息将自身的节点 SID 以及邻接 SID 进行泛洪，这样任意一个网元都可以获得其他网元的信息。

通过按序组合前缀（节点）SID 和邻接 SID，可以构建网络内的任何路径。在路径中的每一跳，使用栈顶段信息区分下一跳。段信息按照顺序堆叠在数据头的顶部。当栈顶段信息包含另一个节点的标识时，接收节点使用 ECMP 方式将数据包转发到下一跳；当栈顶段信息是本节点的标识时，接收节点弹出栈顶的段并执行下一个段的任务。

在实际应用中,前缀段、邻接段和节点段可以单独使用,也可以结合使用。主要有如下三种情况。

（1）基于前缀段的转发。

基于前缀段的转发路径是由 IGP 通过最短路径优先（SPF）算法计算得出的。如图 4-9 所示,以节点 Z 为目的节点,其前缀 SID 是 100,通过 IGP 扩散之后,整个 IGP 域的所有设备学习到节点 Z 的前缀 SID,此后都会使用 SPF 算法得出一条到节点 Z 的最短路径,即代价最小的路径。

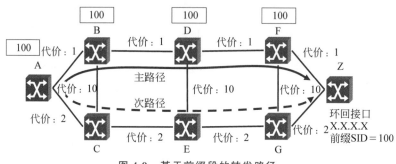

图 4-9　基于前缀段的转发路径

如果网络中存在等价路径,则可以实现负载分担（即 ECMP）；如果存在不等价路径,则可以形成链路备份。由此可见,基于前缀段的转发路径并不是一条固定路径,头节点也无法控制报文的整条转发路径。

（2）基于邻接段的转发。

如图 4-10 所示,通过给网络中每个邻接分配一个邻接段,然后在头节点定义一个包含多个邻接段的段序列,就可以指定任意一条严格显式路径（strict explicit path）。这种方式可以更好地配合实现 SDN。

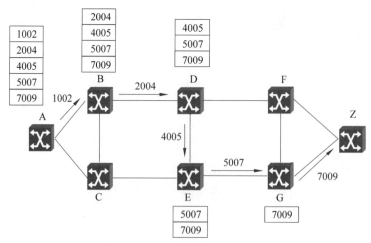

图 4-10　基于邻接段的转发路径

（3）基于邻接段＋节点段的转发。

如图 4-11 所示,这种方式是将邻接段和节点段结合,通过邻接段,可以强制整条路径包含某一个邻接。而对于节点段,节点可以使用 SPF 算法计算最短路径,也可以实现负载分担。这种方式的路径并不是严格固定的,所以也称作松散显式路径(loose explicit path)。

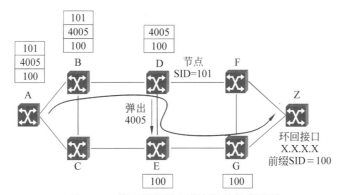

图 4-11　基于邻接段+节点段的转发路径

4. 转发机制

分段路由技术可以直接应用在 MPLS 架构,转发机制没有变化。代表段的 SID 被编码为 MPLS 标签,段序列被编码为标签栈。要处理的段位于栈顶。一个段处理完成后,相关标签从标签栈中弹出。

下面分别介绍 SR-LSP、SR-TE、SR-TP、SR-BE 的机制。

1) SR-LSP

SR-LSP(Segment Routing Label Switched Paths,基于段路由的标签交换路径)是指网络中路由节点使用分段路由技术建立的静态标签转发路径,由一个前缀段或节点段指导数据包转发。

(1) SR-LSP 创建。

SR-LSP 创建需要完成以下动作:

- 网络拓扑上报(仅在基于控制器创建 SR-LSP 时需要)/标签分配。
- 路径计算。

对于 SR-LSP,主要基于前缀标签创建,如图 4-12 所示。目的节点通过 IGP 发布前缀 SID,转发器解析前缀 SID,并根据自己的 SRGB 计算标签值。此后各节点使用 IGP 收集的拓扑信息,根据最短路径优先算法计算标签转发路径,并将计算的下一跳及出标签(OuterLabel)信息下发给转发表,指导数据包转发。

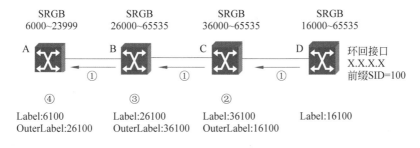

①:发布前缀PrefixSID和SRGB
②③④:计算Label和Outerlable

图 4-12　基于前缀标签的 SR-LSP 创建

SR-LSP 的创建过程如表 4-2 所示。

表 4-2　SR-LSP 的创建过程

步骤	设备	操　　作
①	D	在 D 上配置 SRGB,在 D 的环回接口配置前缀 SID,生成转发表项并下发。然后 D 将 SRGB 和前缀 SID 封装到 LSP 报文(如包含 SR-Capabilities Sub-TLV 的 IS-IS Router Capability TLV-242),并将 LSP 报文通过 IGP 向全网扩散。网络中其他设备接收到 LSP 报文后,解析 D 发布的前缀 SID,根据自己的 SRGB 计算标签值,同时根据下一跳节点发布的 SRGB 计算出标签值,使用 IGP 拓扑计算标签转发路径,最后生成转发表项
②	C	解析 D 发布的前缀 SID,根据自己的 SRGB 范围 36000～65535 计算标签值,计算公式是 Label＝SRGB 的起始值＋前缀 SID 值 所以 Label＝36000＋100＝36100。使用 IS-IS 拓扑计算出标签,计算公式是 OuterLabel＝下一跳设备发布的 SRGB 的起始值＋前缀 SID 值 在本例中,下一跳设备为 D,D 发布的 SRGB 范围是 16000～65535,所以 OuterLabel＝16000＋100＝16100
③	B	计算过程与 C 类似,Label＝26000＋100＝26100,OuterLabel＝36000＋100＝36100
④	A	计算过程与 C 类似,Label＝6000＋100＝6100,OuterLabel＝26000＋100＝26100

(2) 数据转发。

分段路由技术的标签操作类型和 MPLS 相同,包括 Push(标签压入)、Swap(标签交换)和 Pop(标签弹出)。

- Push:当报文进入 SR 域时,入节点设备在报文二层首部和 IP 首部之间插入一个标签,或者根据需要在报文标签栈的栈顶增加一个新的标签。
- Swap:当报文在 SR 域内转发时,根据标签转发表,用下一跳分配的标签替换 SR 报文的栈顶标签。
- Pop:当报文离开 SR 域时,根据栈顶的标签查找转发出接口之后,将 SR 报文的栈顶标签剥掉。

基于前缀标签的数据转发如图 4-13 所示。

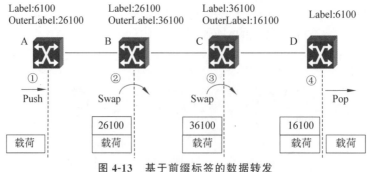

图 4-13　基于前缀标签的数据转发

数据转发过程如表 4-3 所示。

表 4-3　数据转发过程

步骤	设备	操　作
①	A	A 节点收到数据报文,添加标签值 26100 并转发
②	B	B 节点收到该标签报文,进行标签交换,将标签 26100 弹出,换成标签 36100
③	C	C 节点收到该标签报文,进行标签交换,将标签 36100 弹出,换成标签 16100
④	D	将标签 16100 弹出,继续查路由转发

2）SR-TE

SR-TE(Segment Routing Traffic Engineering,流量工程的分段路由)的标签由控制器在源节点统一下发,是严格约束路径的隧道。如图 4-14 所示,生成 SR-TE 隧道转发路径的步骤如下:

(1)通过网管或控制器为网络中每台设备的每条链路分配本地邻接标签(如 Adj A/B/C/D/E)。

(2)在 SR-TE 隧道源 PE 节点根据隧道转发路径规划需求,为业务报文压入标识转发路径的邻接标签(如 Adj A→Adj B→Adj C→Adj D→Adj E)。

(3)网络中间的 P 节点接收到报文后,匹配邻接标签表找到业务转发出接口,剥离栈顶标签后转发出设备。

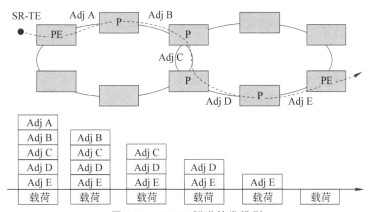

图 4-14　SR-TE 隧道转发模型

3）SR-TP

SR-TP(Segment Routing Transport Profile)是在 SR-TE 的基础上进行增强改进形成隧道的,增加一层端到端标识业务流的标签,用于面向连接的、点到点业务承载,以提供端到端的监控运维能力。

(1)基本原理。

SR-TE 隧道使用邻接标签仅能标识业务转发路径而不能标识端到端业务(倒数第二跳已不携带邻接标签),导致基于 SR-TE 隧道的端到端运维能力(丢包率、时延、抖动等)受限。

SR-TE 经过增强改进形成 SR-TP 隧道,包括增强端到端 OAM 运维能力、支持双向隧道、支持 MPLS OAM 检测等能力。SR-TP 隧道在 SR-TE 隧道的基础上增加了一层端到端标识业务流的标签(由宿 PE 节点向源 PE 节点分配的本地标签,称为 Path SID),基于这个端到端业务标签运行 OAM 和 APS,如图 4-15 所示。

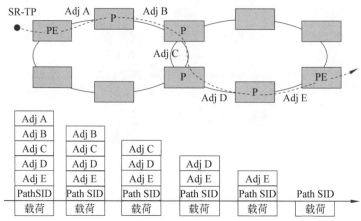

图 4-15　SR-TP 隧道转发模型

为解决 SPN 设备转发标签栈能力限制（10 层标签）问题，可通过标签粘连机制增加 SR-TP 隧道路径跳数。如图 4-16 所示，为减少源节点压入标签层数，可由控制器协同中间 P（Binding）节点向源节点分配特殊 Binding 标签，源节点生成 SR-TP 隧道标签转发路径时仅需压入源节点至中间 P（Binding）节点邻接标签和特殊 Binding 标签；报文转发至中间 P（Binding）节点时，通过识别特殊 Binding 标签翻译出中间 P（Binding）节点至宿节点的邻接标签栈。Binding 标签符合 RFC8402 定义的要求。

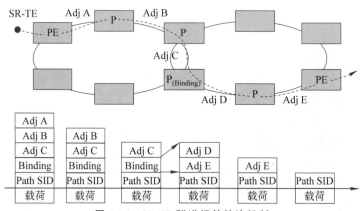

图 4-16　SR-TP 隧道标签粘连机制

（2）报文封装格式。

SR-TP 隧道承载 L3VPN 业务报文封装格式如图 4-17 所示。

0	19 20	22 23 24	31
Adjacency Label[0]	TC	S	TTL
Adjacency Label[1]	TC	S	TTL
⋮	TC	S	TTL
Adjacency Label[n]	TC	S	TTL
Path Segment	TC	S	TTL
VRF Label	TC	S	TTL
Payload			

图 4-17　SR-TP 隧道承载 L3VPN 业务报文封装格式

封装结构中各字段描述如下：

- Adjacency Label：SR 邻接标签，根据链路跳数可以压入多层标签。SR-TP 隧道由邻接标签栈指示报文转发路径。
- Path Segment：端到端业务路径标签，由 SR-TP 隧道宿节点分配给源节点，用于端到端性能监控和运维。
- VRF Label：L3VPN 私网标签，用于标识 L3VPN VRF 实例。
- TC：业务分类标识。
- S：栈底标识。仅 VC Label 栈底标识置位。
- TTL：存活时间。
- Payload：IP 业务净荷。

（3）抓包及现网配置脚本实例。

SR-TP 隧道承载 L3VPN 业务报文实例如图 4-18 所示。

```
> Frame 1: 152 bytes on wire (1216 bits), 152 bytes captured (1216 bits)
> Ethernet II, Src: HuaweiTe_39:6f:d6 (18:cf:24:39:6f:d6), Dst: HuaweiTe_bb:0b:a3 (8c:68:3a:bb:0b:a3)
> 802.1Q Virtual LAN, PRI: 0, DEI: 0, ID: 1
> MultiProtocol Label Switching Header, Label: 18, Exp: 0, S: 0, TTL: 255
> MultiProtocol Label Switching Header, Label: 16, Exp: 0, S: 0, TTL: 255
> MultiProtocol Label Switching Header, Label: 16, Exp: 0, S: 0, TTL: 255
> MultiProtocol Label Switching Header, Label: 17, Exp: 0, S: 0, TTL: 255
> MultiProtocol Label Switching Header, Label: 63, Exp: 0, S: 0, TTL: 255
> MultiProtocol Label Switching Header, Label: 65, Exp: 0, S: 1, TTL: 255
> Internet Protocol Version 4, Src: 200.200.200.2, Dst: 200.200.1.2
> Data (86 bytes)
```

图 4-18　SR-TP 隧道承载 L3VPN 业务报文实例

图 4-18 中的 MPLS 各层标签头的功能分别如下：

- 最下一层：Label＝65 是 L3VPN 私网标签。
- 倒数第二层：Label＝63 是 Path Segment 标签，标识一条 SR-TP 隧道。
- 再往上各层是路径上所有接口的邻接标签。

下面是一个华为 SR-TP 隧道的现网配置脚本文件。隧道接口为 Tunnel1。隧道协议为 MPLS TE，隧道宿 LSR-ID 为 10.10.10.1，隧道采用的信令协议为 segment-routing。Path SID 为 713，用来唯一标识该 SR-TP 隧道，是由隧道对端节点分配并用于本节点的隧道发送标签。反向隧道 ID 为 15764，正向隧道 ID 为 15764（mpls te tunnel-id 15764），保护隧道 ID 为 15765（protection tunnel 15765）。使能隧道 APS 保护协议（aps enable），同时将此隧道通过 PCEP 协议托管给控制器（mpls te pce delegate）。

```
#
interface Tunnel1
  tunnel-protocol mpls te
  destination10.10.10.1
  mpls te signal-protocol segment-routing
  mpls te remote-label 713
  mpls te reverse-lsp protocol segment-routing ingress-lsr-id10.10.10.1 tunnel
-id 15764
  mpls te tunnel-id 15764
```

```
mpls te protection tunnel 15765 destination10.10.10.1
aps enable
mpls te pce delegate
#
```

4) SR-BE

（1）基本原理。

IETF RFC8402 定义的 SR-BE（Segment Routing Best Effort，分段路由尽力而为）隧道是指路由节点以 IGP 使用最短路径优先算法计算得到最优 SR-LSP，用于面向无连接的 Mesh 业务承载，可以提供任意拓扑连接并简化隧道规划和部署。

为网络中每台设备分配节点标签，且节点标签在 SR 域内唯一，如图 4-19 所示。

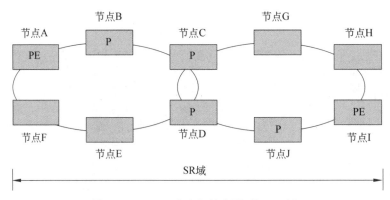

图 4-19　SR-BE 节点标签分配（单 IGP 域）

SR 域由一组支持 SR 功能的设备节点组成，SR 域内的段可以是本地邻接标签或全局唯一的节点标签。网络部署过程中，以 IGP 域为基础规划 SR 域，以简化网络规划。

此外，若为网络中每个 IGP 域规划 SR 域，会导致多 IGP 域相交点标签空间规划变得烦琐且标签利用率低；若将整网所有 IGP 域规划为一个 SR 域，会导致接入设备节点标签空间不足。综合考虑，SPN 设备支持将一组 IGP 域规划为一个 SR 域，如图 4-20 所示，可将汇聚环 1 下所有接入环（即 IGP 域 1/2/3）规划为 SR 域 1，将汇聚环 2 下所有接入环（即 IGP 域 4/5）规划为 SR 域 2，不同 SR 域间可复用节点标签空间。

为网络中每台设备启用 IGP，通过 IGP 将设备节点标签扩散到 SR 域内其他设备。如图 4-21 所示，设备通过 IGP 将节点 I 标签扩散至节点 J/D/C/B/A 等设备。

整网设备分布式运行 IGP，计算到宿节点的最优转发路径，并找到宿节点标签的最优转发下一跳出接口。如图 4-22 所示，节点 A/B/C/D/J 分别运行 IGP，计算至节点 I 的最优转发下一跳出口。

当源节点收到以目的节点为出口的业务报文时，为业务报文添加一层目的节点标签，报文会沿着最优转发路径转发。如图 4-23 所示，报文沿着节点 A→B→C→D→J 的转发路径送至节点 I，中间节点 P 不增加、删除、修改报文外层标签。

SR-BE 功能如下：

· 支持网管或控制器集中分配 SR 节点标签的功能。

· 支持通过 IS-IS 协议扩散 SR 节点标签，自动生成 SR-BE 隧道的功能。

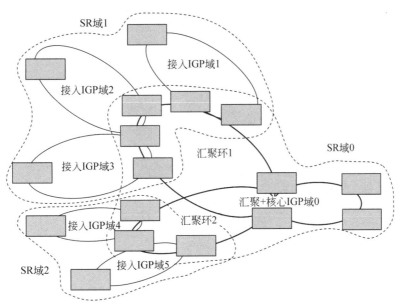

图 4-20　SR-BE 节点标签分配（多 IGP 域）

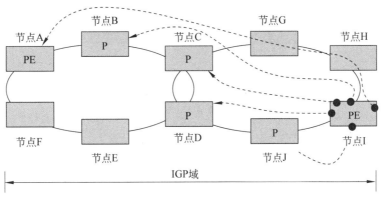

图 4-21　SR-BE 节点标签扩散过程

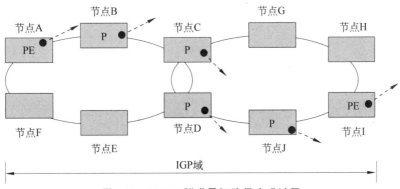

图 4-22　SR-BE 隧道最短路径生成过程

* 支持 SR-BE 隧道的 TI-LFA 保护功能。
* 支持 SR-BE 隧道 ping、tracerouter 检测功能，并支持通过 IGP 控制平面和 SR-BE

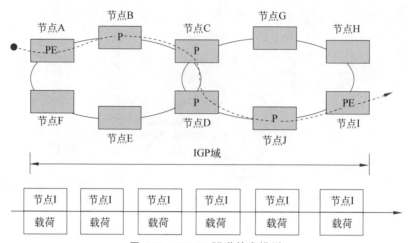

图 4-23　SR-BE 隧道转发模型

隧道进行应答。

- 支持 IPv4 控制平面和 IPv6 控制平面。

（2）报文封装格式。

SR-BE 隧道承载 L3VPN 业务报文封装格式如图 4-24 所示。

0			19 20	22 23 24		31
Node Label			TC	S	TTL	
VRF Label			TC	S	TTL	
Payload						

图 4-24　SR-BE 隧道承载 L3VPN 业务报文封装格式

封装结构中各字段描述如下：

- Node Label：SR 节点标签。SR-BE 隧道报文转发路由节点标签指示。
- VRF Label：L3VPN 私网标签，用于标识 L3VPN VRF 实例。
- TC：业务分类标识。
- S：栈底标识。仅 VC Label 栈底标识置位。
- TTL：存活时间。
- Payload：IP 业务净荷。

（3）抓包实例。

SR-BE 隧道承载 L3VPN 业务报文实例如图 4-25 所示。

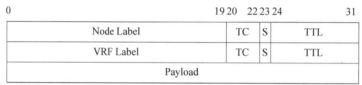

```
> Frame 56: 136 bytes on wire (1088 bits), 136 bytes captured (1088 bits)
> Ethernet II, Src: HuaweiTe_38:c1:38 (2c:97:b1:38:c1:38), Dst: HuaweiTe_ec:c8:28 (28:11:ec:ec:c8:28)
> 802.1Q Virtual LAN, PRI: 0, DEI: 0, ID: 1
> MultiProtocol Label Switching Header, Label: 43938, Exp: 0, S: 0, TTL: 63
> MultiProtocol Label Switching Header, Label: 32, Exp: 0, S: 1, TTL: 255
> Internet Protocol Version 4, Src: 100.100.100.2, Dst: 100.100.1.2
> Data (86 bytes)
```

图 4-25　SR-BE 隧道承载 L3VPN 业务报文实例

图 4-25 中 Label＝32 是 VRF 标签，Label＝43938 是 SRGB 标签。

（4）流量导入。

在 SR-TP 或者 SR-BE 隧道建立成功以后，还需要将业务流量（如公网业务、EVPN、L2VPN 和 L3VPN 等）引入隧道，常用方法有静态路由、隧道策略、自动路由等。

在 5G 业务使用的静态 L3VPN 中，SR-TP 隧道（严格路径结束）由人工配置和指定，同时在同一个 IS-IS 域的 L3VPN 节点会自动生成全 Mesh 的 SR-BE 隧道。于是两个 L3VPN 节点网元间可能同时有 SR-TP 隧道及 SR-BE 隧道。此时华为 SPN 的流量导入机制如下：

① 公网隧道（SR-TP、SR-BE、MPLS-TP）以节点 ID 标识宿节点，私网路由 Loopback0 标识下一跳，华为 SPN 将节点 ID 自动配置为 Loopback0 地址。

② 如果私网路由下一跳与公网隧道宿节点相同，则该路由可叠加在对应的隧道上。如果存在宿节点相同的各类隧道，则可基于隧道绑定策略优选相关的隧道（首选 SR-TP 隧道，次选 SR-BE 隧道）。

5. SR 在 SPN 中的应用

SPN 中使用到了两种分段路由技术，分别是 SR-TP 隧道和 SR-BE 隧道。SR-TP 隧道用于核心层承载南北向的 S1 业务，如图 4-26 所示，需要部署以下 SR-TP 隧道：

（1）在骨干汇聚点到城域核心点之间部署 SR-TP 隧道。

（2）在骨干汇聚点之间部署 SR-TP 隧道。

（3）在城域核心点之间部署 SR-TP 隧道。

图 4-26　SR-TP 隧道部署

图 4-27 仅给出了 SPN1 至 SPN6 的 SR-BE 隧道和 Ti-LFA 保护路径。

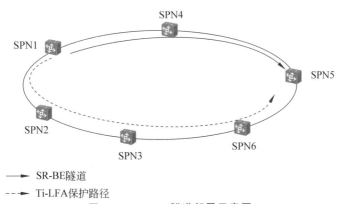

图 4-27　SR-BE 隧道部署示意图

SR-BE 隧道用于核心层承载东西向的 Xn 业务。同一个 IS-IS 域内的各节点之间通过扩展的 IS-IS 协议自动生成全 Mesh 的 SR-BE 隧道，并同时生成保护路径。SR-BE 隧道无管理对象，可通过承载的业务（源 IP 地址、宿 IP 地址）查询 SR-BE 隧道信息（图形化的隧道路径信息）。SR-BE 隧道基于节点标签转发：

（1）源节点基于宿节点的 SID（段 ID）和下一跳的 SRGB 基址生成隧道出标签，从对应的出接口转发给下一跳。

（2）中间点基于隧道标签和本地的 SRGB 基址得到宿节点的 SID，基于宿节点的 SID 和下一跳的 SRGB 基址生成新的隧道标签，从对应的出接口转发给下一跳。

（3）宿节点收到报文后检测到 SID 是本节点，终结隧道。

4.5 PWE3 技术

PWE3（Pseudo-Wire Emulation Edge to Edge）是边缘到边缘伪线仿真技术，实现点到点的 MPLS L2VPN。伪线也叫虚链路，PW 层可以看作 PWE3 技术在设备实现的逻辑层。

1. 简介

PWE3 可以在 SPN 中尽可能真实地模仿异步传输（Asynchronous Transfer Mode，ATM）、帧中继（Frame Relay，FR）、以太网、低速 TDM 电路和 SONET（Synchronous Optical Network，同步光纤网）/SDH（Synchronous Digital Hierarchy，同步数字体系）等业务的基本行为和特征。

2. 基本架构

PWE3 以 LDP（Label Distribution Protocol，标签分发协议）为信令协议，通过隧道（如 MPLS LSP 隧道、MPLS TE 隧道或者 GRE 隧道）承载 CE（Customer Edge，客户边缘）端的各种二层业务（如各种二层数据报文），透明传递 CE 端的二层数据。如图 4-28 所示，PWE3 网络的基本架构包括接入链路（Attachment Circuit，AC）、虚链路（PW）、转发器（forwarder）、隧道、PW 信令（PW Signaling）。

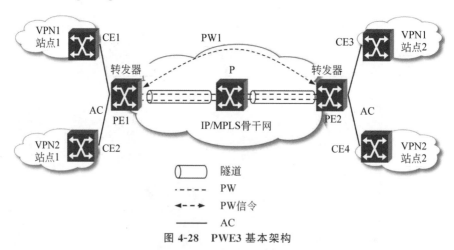

图 4-28　PWE3 基本架构

下面以 CE1 到 CE3 的 VPN1 报文流向为例，说明基本数据流走向：

（1）CE1 上送二层报文，通过 AC 接入 PE1。

（2）PE1 收到报文后，选定转发报文的 PW。

（3）PE1 再根据 PW 的转发表项生成两层 MPLS 标签（私网标签用于标识 PW，公网标签用于穿越隧道到达 PE2）。

（4）二层报文经公网隧道到达 PE2，系统弹出私网标签（默认情况下，公网标签在 P 设备上经倒数第二跳弹出)。

（5）由 PE2 的转发器选定转发报文的 AC,将该二层报文转发给 CE3。

3. 标签格式

图 4-29 是 PWE3 的 MPLS 标签格式,长度为 4 字节。

0	19 20	22 23	24	31
Label	TC	S	TTL	

图 4-29　PWE3 的 MPLS 标签格式

其中:

- Lab
- TC
- S:
- TTL

4. 分类

利用 PW

（1）从

动态 PW的 PW;静态 PW(static PW)是不使用信令协议进行关信息创建的 PW。例如,华为 PTN 及 SPN 均采用

（2）从组

单跳 PW不需要 PW 标签层面的标签交换,例如图 4-30 中的存在分段的多跳 PW。多跳中的 PE 和单跳中的 PE 转 E SPE(Switching PE,交换 PE)上进行 PW 标签层面的

图 4-30　单跳及多跳 PWE3

在现网业务部署中,若承载 PW 的主备隧道跨度太长,则建议采用多跳 PW。一般情况下部署单跳 PW。

5. 控制字

控制字用于转发平面报文顺序检测、报文分片和重组等功能,需要通过控制平面协商。控制平面控制字的协商比较简单,如果控制平面协商结果支持控制字,则需要把结果下发给转发模块,由转发平面具体实现报文顺序检测和报文重组等功能。

控制字是一个 4 字节的封装报文头,在 MPLS 分组交换网络中用于传递报文信息,如图 4-31 的灰色区域所示。

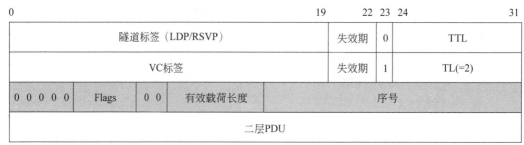

图 4-31 控制字

控制字主要有 3 个功能:

(1)携带报文转发的序列号。在转发平面,如果支持控制字,则在数据报文前增加一个 32 比特的控制字,用来表示报文顺序。设备在支持负载分担时报文有可能乱序,可以使用控制字对报文进行编号,以便对端重组报文。

(2)填充报文,防止报文过短。例如,当 PE 到 PE 间为以太网、PE 与 CE 间为 PPP(Point-to-Point Protocol,点到点协议)连接时,由于 PPP 的控制报文大小达不到以太网支持的最小 MTU,PPP 不能协商成功。这时,通过添加控制字(即添加填充位)可以避免此问题。

(3)携带二层帧头控制信息。在有些情况下,在网络上传输 L2VPN 报文的时候没有必要传送整个二层帧,而是在入节点(Ingress)剥离二层头,然后在出节点(Egress)重新添加。但是,如果二层头中有些信息需要携带,这种方式就不可取了。使用控制字可以解决该问题,控制字可以携带 PE 之间 Ingress 和 Egress 事先协商好的信息。

两端同时支持或者同时不支持控制字时才能协商成功。数据转发时根据协商结果决定是否对报文添加控制字。

4.6 VPN 的 SPN 实现

4.6.1 L2VPN 实现

1. 架构

SPN 采用 PWE3 技术实现 L2VPN,支持以下常见业务的接入和承载:二层以太网业务、TDM 业务、ATM 业务、IP 业务。其中,IP 业务的承载可通过封装在以太网接口中作为以太网业务再封装到 PW 和 LSP 中,也可以直接封装到 PW 和 LSP 中,或通过添加 VPN 标签封装到 LSP 中实现。

2. 特点

基于 PW 的仿真业务有以下特点:

（1）统一采用 PWE3 封装承载仿真类业务，控制字功能可选。

（2）支持单段伪线（Single Segment PW，SS-PW）和多段伪线（Multi-Segment PW，MS-PW）的交换架构和功能。

（3）支持 TDM 业务的仿真和传送。

（4）支持以太网二层业务的仿真和传送，PWE3 封装和控制字应符合 RFC4448 的要求。

3. 以太网二层业务

1）特点

SPN 提供以太网二层业务的接入和传送，具有以下特点：

（1）以太网二层业务包括以太网专线业务（E-Line）、以太网专网业务（E-LAN）和以太网根基多点业务（E-Tree）3 类。

（2）支持采用网管配置的静态方式建立以太网业务，可选支持采用控制平面信令方式动态建立以太网业务。

（3）支持 VPWS 和 VPLS 技术，支持通过网管静态配置以太网二层业务，可选支持采用信令方式配置以太网二层业务。

2）以太网专线业务

通过在业务节点之间建立双向的点到点 PW 和 LSP 连接支持点到点和点到多点的以太网专线业务，如图 4-32 所示。根据在 UNI-N 端口是否具有业务复用（例如多个 VLAN 业务实例）以及 VP 的网络带宽是否共享，具体分为以太网专线（Ethernet Private Line，EPL）和以太网虚拟专线（Ethernet Virtual Private Line，EVPL）两类业务。

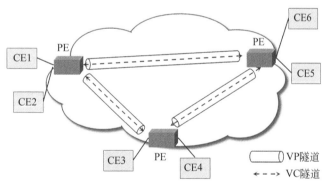

图 4-32　SPN 支持以太网专线业务实例

以太网专线业务应符合以下功能要求：

（1）支持基于端口、端口＋VLAN 的方式实现业务与 VC/VP 的绑定。

（2）支持 VLAN 的 QinQ（IEEE 802.1q in IEEE 802.1q）功能。

下面举例讲解 L2VPN 的实现。设备选用华为 SPN，以下是 5G 基站业务配置脚本：

```
#
interface Global-VE8.452   ......虚拟二层接口 Global-VE8.452
  qinq stacking vid 1178 · ......VLAN ID= 1178
  mpls static-l2vc instance-name 2964387 destination 20.37.0.30 304054 transmit
- vpn - label  3165  receive - vpn - label  11226  tunnel - binding te interface
Tunnel32634/337969182/336920605 preferred-control-word raw
```

```
        ......工作 PW 及其绑定的隧道接口
   mpls l2vpn mtu 1620
   mpls static - l2vc destination 20.21.0.30 304052 transmit - vpn - label 15121
receive- vpn - label 11225 tunnel - binding te interface Tunnel16858/336920605/
336920606 preferred-control-word raw bypass
        ......保护 PW 及其绑定的隧道接口
   mpls l2vpn pw- aps 2445 admin  ......使能 PW APS 保护
#
```

3) 以太网专网业务

通过在接入业务的所有 PE 节点之间建立双向全连接的 VC 和 VP 支持多点到多点的以太网专网业务,如图 4-33 所示。根据在 UNI-N 端口是否具有业务复用(例如多个 VLAN 业务实例)以及 VP 的网络带宽是否共享,具体分为以太网专用局域网(Ethernet Private LAN,EP-LAN)和以太网虚拟专用局域网(Ethernet Virtual Private LAN,EVP-LAN)两类业务。

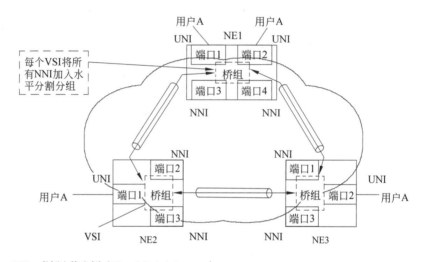

VSI:虚拟交换实例(Virtnal Switch Instance)

图 4-33　SPN 的以太网专网业务配置实例

以太网专网业务具有以下特点:

(1) 基于端口、端口＋VLAN 的方式实现 EP-LAN 和 EVP-LAN 业务。

(2) 支持水平分割功能以防止成环。

(3) 在 E-LAN 模型下,支持以太网二层功能:

- 支持 MAC 地址学习使能、禁止和静态 MAC 地址配置功能。
- 支持基于以太网 MAC 地址的多播功能。
- 支持 IGMP Snooping 的多播监听协议。
- 支持 VLAN 的 QinQ 功能。
- MAC 地址学习支持独立 VLAN 学习(Independent VLAN Learning,IVL)模式。
- 支持基于 VSI 的 MAC 地址表数量限制功能,支持 MAC 地址的黑白名单功能。
- 支持对未知单播报文和未知多播报文的过滤。

- 支持对广播报文的限速。
- UNI 接口支持 RSTP、MSTP，其中 MSTP 基于 C-VLAN。

4）以太网根基多点业务

通过在根 PE 节点（例如图 4-34 中的 PE-L6 节点）和叶 PE 节点（例如图 4-34 中的 PE-L1～L5 节点）之间建立双向的 VC 和 VP 支持根基点到多点的以太网根基多点业务。根据在 UNI-N 端口是否具有业务复用（例如多个 VLAN 业务实例）以及 VP 的网络带宽是否共享，具体分为以太网专用根基多点（EP-Tree）和以太网虚拟根基多点（EVP-Tree）两类业务。

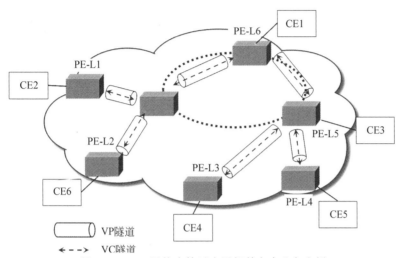

图 4-34　SPN 网络支持以太网根基多点业务实例

采用 VPLS（虚拟专用局域网业务）或 H-VPLS（Hierarchical VPLS，分层 VPLS）的 Hub&Spoke 技术实现以太网根基多点业务，具有以下特点：

（1）支持基于端口、端口＋VLAN 的方式实现 EP-Tree 和 EVP-Tree 业务。

（2）支持根节点和叶子节点之间的双向通信，并支持叶子节点之间的隔离功能。

（3）在以太网根基多点业务模式下，PE 节点支持以太网二层交换功能：

- 支持 MAC 地址学习使能、禁止和静态 MAC 地址配置功能。
- 支持基于以太网 MAC 地址的多播功能。
- 支持 IGMP Snooping 的多播监听协议，具体应符合 RFC4541 的要求。
- 支持 VLAN 的 QinQ 功能，具体应符合 IEEE 802.1ad 的要求。
- MAC 地址学习支持独立 VLAN 学习（IVL）模式。
- 支持基于 VSI 的 MAC 地址表数量限制功能，支持 MAC 地址的黑白名单功能。
- 支持对未知单播报文的过滤。
- 支持对广播报文的限速。

4.6.2　L3VPN 实现

1. 架构

SPN 的 L3VPN 管控架构遵循 RFC4364、RFC4760 关于 L3VPN 架构的要求，支持基于 SDN 集中管控 L3VPN 架构，具有以下特点：

（1）支持通过 SDN 控制器配置用户侧直连接口 IP，并向 L3VPN 引入直连路由。

（2）支持通过 SDN 控制器配置/修改 L3VPN 私网路由。

（3）支持通过 SDN 控制器集中计算并扩散 L3VPN 私网路由。

（4）支持 SDN 控制器通过南向接口下发 L3VPN 私网路由至 SPN 设备。

（5）支持 L3VPN IPv4/IPv6 双栈管控，即同一 L3VPN 同时承载 IPv4 和 IPv6 业务，且 IPv4 和 IPv6 路由引入、扩散行为一致。

SPN 的 L3VPN 转发过程如图 4-35 所示。

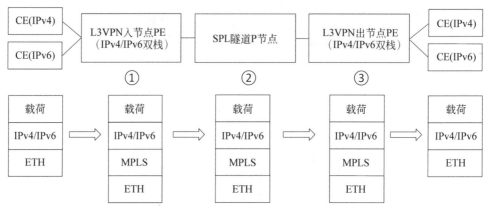

图 4-35　SPN 的 L3VPN 转发过程

步骤①：L3VPN 入节点（Ingress）PE 接收到客户报文后，基于客户报文头的 IPv4 或 IPv6 地址查找私网路由表，获取下一跳（远端 PE 节点）、出接口（隧道接口）及路由优先级等信息，为客户报文封装 VPN 私网标签、SPL 隧道（MPLS-TP 隧道、SR-TP 隧道或 SR-BE 隧道）、以太网封装头信息，通过 PE 出接口发送报文。

步骤②：SPL 隧道 P 节点接收到上游节点发送来的报文后，基于 SPL 隧道标签转发至下一跳节点。

步骤③：L3VPN 出节点（Egress）PE 接收到隧道侧的报文后，剥离 SPL 隧道的封装，恢复客户报文，再基于客户报文的 IPv4 或 IPv6 地址查找私网路由表，获取下一跳为客户侧接口，最后将报文发送至客户设备。

2. 业务功能

SPN 的 L3VPN 具有以下功能：

（1）支持 IPv4/IPv6 双栈接入能力，即 L3VPN 用户侧接口（含 L2/L3 桥接接口）同时支持 IPv(4) 和 IPv6 地址族。

（2）支持 IPv4/IPv6 双栈路由转发能力，即同一 L3VPN VRF 同支持基于 IPv4 和 IPv6 地址路由转发。

（3）支持私网用户侧接口 ICMPv4 和 ICMPv6 协议处理，支持包括 ARP、ND（Neighbor Discovery，邻居发现）等功能。支持基于 IPv4 和 IPv6 地址的 ping、traceroute 功能。

（4）支持 VPN FRR/IP FRR 保护功能。

（5）支持基于 IPv4 和 IPv6 地址的 DiffServ QoS 功能。

（6）支持私网用户侧接口配置 DHCPv4 和 DHCPv6 中继功能，用于 IPv4 或 IPv6 基站自动获取 IP 地址。

（7）支持基于 IPv4 和 IPv6 地址的 TWAMP（Two-Way Active Measurement Protocol，双向主动测量协议）功能。

（8）支持基于 L3VPN 用户侧 IPv4 和 IPv6 地址的 BFD（Bidirectional Forwarding Detection，双向转发检测）功能。

（9）支持 RFC8184 和 RFC8185 规定的 DNI 伪线双归功能，基于 IPv4 和 IPv6 地址的 ARP/ND 热备功能。

3. 业务部署

SPN 的 L3VPN 支持部署到边缘接入能力，即城域核心网、汇聚点、接入设备均具备按需部署 L3VPN 的能力，具备支持分层 L3VPN（HoVPN）业务部署的能力。

- UPE（User-end PE，用户端 PE）：直接连接 5G 基站的 PE，主要完成 5G 基站接入功能。
- SPE（Service Provider-end PE，服务提供商端 PE）：接入 UPE 并位于 SPN 内部的 PE，主要完成 VPN 路由的管理和发布。
- NPE（Network Provider-end PE，网络提供商端 PE）：连接 SPE 并面向核心网侧的 PE。

SPN 的分层 L3VPN 模型如图 4-36 所示。

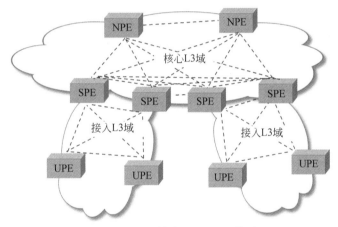

图 4-36　SPN 的分层 L3VPN 模型

分层 L3VPN 通过层次化部署增强了 VPN 的扩展能力。分层 L3VPN 应符合以下功能要求：

（1）UPE、SPE、NPE 间通过公网隧道互联，公网隧道可以是 MPLS-TP 隧道、SR-TP 隧道或者 SR-BE 隧道（现网部署只使用 SR-TP 隧道、SR-BE 隧道）。

（2）分层部署模型要求网络内有且仅有一个核心 L3VPN 域，核心 L3VPN 域与多个接入 L3VPN 域邻接，且接入 L3VPN 域间不直接互通。

（3）接入 L3VPN 域、核心 L3VPN 域内私网路由扩散均遵循水平分割原则，实现业务就近转发。

（4）同一对 SPE 下挂的接入域设备 IP 地址在一个或多个网段内分配，便于接入域路由聚合。

（5）UPE 发布明细路由给接入 L3VPN 域的其他节点，包括 SPE。

（6）允许用户手动聚合 SPE 下挂接入域内明细路由，并将聚合路由发布给其他 SPE 和 NPE，其他 SPE 和 NPE 不再重发布；不向核心域发布 UPE 明细路由。

（7）NPE 将核心网侧明细路由发布给 L3VPN 域内其他 SPE 和 NPE，其他 SPE 和 NPE 不再重发布。

（8）SPE 向接入 L3VPN 域的 UPE 发布默认路由。

（9）UPE 至 SPE 或 NPE 设备、SPE/NPE 设备间可通过 VPN FRR 实现节点故障保护。

（10）VPN 内路由发布应符合以下功能要求：

- 私网路由扩散应遵循水平分割原则。
- PE 间通过公网隧道直达，可以是 MPLS-TP 隧道、SR-TP 隧道或 SR-BE 隧道。
- PE 可向域内其他 PE 扩散用户侧引入的直连路由或静态路由。
- PE 从其他 PE 接收到的路由不再向任何 PE 扩散，仅更新到本地路由表。

4. L3VPN 配置脚本示例

下面以华为 SPN 中三层到边缘 L3VPN 配置脚本为例，演示 L3VPN 的 SPN 实现。

```
#
ip vpn-instance 1
vpn-mode 5G
  ipv4-family
    apply-label per-instance static 100
    tunnel binding destination 10.1.1.1 Tunnel1
  ipv6-family
    apply-label per-instance static 100
    tunnel binding destination 10.1.1.1   Tunnel1
  auto-frr enable
    wtr 600
#
```

在上面的配置脚本中，ip vpn-instance 1 中的"1"是 L3VPN 实例 ID；vpn-mode 5G 说明该 L3VPN 实例为 5G 专用实例；支持 IPv4 及 IPv6 双栈（第 4～6 行、第 7～9 行），VRF 标签 100；tunnel binding destination 10.1.1.1 Tunnel1 表明该 L3VPN 绑定了一个 SR-TP 隧道，隧道接口为 Tunnel1，目的 LSR-ID 为 10.1.1.1；auto-frr enable 表示使能 L3VPN 快速重路由（Fast Reroute，FRR）功能，等待恢复时间为 600s。

重点小结

VPN 实现了网络中不同业务的隔离。VPN 基于隧道技术实现，而隧道技术分为基于 MPLS-TP 和 SR 的隧道。

VPN 分为 L2VPN、L3VPN。其中，L2VPN 由 PWE3 协议实现，用于实现用户 MAC 透传或 MAC 交换类业务，例如大客户专线业务；L3VPN 可以提供 3 层可达的虚拟专用网络，用于基站、工业控制、SPN 设备管理等业务。

SPN 的 L2VPN 使用了 PWE3 技术，它是 SPN 采用的一种点到点的 L2VPN 技术。

SPN 只使用了 3 种公网隧道技术：MPLS-TP 隧道、SR-TP 隧道和 SR-BE 隧道。

习题与思考

　　1. SR-TP 隧道与 SR-TE 隧道的区别在哪里？

　　2. SR-TP 隧道与 SR-BE 隧道的区别在哪里？

任务拓展

　　1. SPN 中 L2VPN 和 L3VPN 分别可以承载哪些业务？

　　2. 如何理解 SR-BE 隧道被称为业务逃生通道？

　　3. SPN 中的 SR 域、IGP 域、L3VPN、SR-TP 隧道和 SR-BE 隧道如何协同工作？

学习成果达成与测评

项目名称	VPN 及相关技术		学时	2	学分	0.2
职业技能等级	中级	职业能力	掌握 SPN 网络 VPN 实现原理		子任务数	4 个
子任务	序号	评价内容	评价标准			分数
	1	SPN 使用的 VPN 技术	了解 SPN 使用的 VPN 技术及分类			
	2	SPN 中 L3VPN 使用的隧道技术	掌握 SR-TP 隧道及 SR-BE 隧道技术原理及异同点			
	3	SPN 中 L2VPN 的实现原理	了解 PWE3 技术原理			
	4	SPN 中 L3VPN 的实现原理	掌握 L3VPN 分层架构及路由发布过程			
考核评价		项目整体分数(每项评价内容分值为 1 分)				
		指导教师评语				
备注						

学习成果实施报告书

题目：绘制 SPN 网络 L3VPN 分层网络模型及阐述路由发布过程

班级：　　　　　　　　　姓名：　　　　　　　　　学号：

任务实施报告

　　绘制一张 SPN 三层到边缘的 L3VPN 业务分层模型图，并阐述网络功能节点如何下挂 5G 基站以及如何实现基站和核心路由的发布。

考核评价(按 10 分制)	
教师评语：	态度分数：
	工作量分数：
考核评价规则	

1. 任务完成及时。
2. 操作规范。
3. 实施报告书绘图工整，描述条理清晰、文字流畅、逻辑性强。
4. 没有完成工作量扣 1 分。抄袭扣 5 分。

第 5 章　SDN 管控技术

知识导读

传统承载网络的管理和控制功能有限,主要是通过网络管理系统(Network Management System,NMS)实现网络设备的硬件管理、性能监控、参数配置等。随着客户及运营商需求的变化以及网络功能的增加,5G 承载网要求能快速实现网络调整,即实现网络的可编程、自动化。

承载网的 SDN(软件定义网络)管控技术是指可编程实现对承载网设备的管理和控制,实现网络自动化运维,提升管控效率。其中,管理功能主要指硬件、软件、告警、性能、日志、配置等各类资源和数据的管理,控制功能主要指通过控制器实现无须人为参与的闭环决策控制、隧道托管给 NMS 的重路由功能等。

本章将讲解承载网的 SDN 背景、架构和关键技术,并介绍 SPN 的 SDN 方案。

学习目标

- 了解 SDN 的网络管理架构。
- 了解 SDN 管控的关键技术。
- 掌握 NETCONF、RESTCONF 接口的基本概念及网络位置。
- 掌握网络 IS-IS 分域规则。
- 掌握网络 BGP-LS、PCEP 部署方案。
- 了解 SPN 的 SDN 管控架构。

能力目标

- 掌握 BGP-LS 现网规划的能力。
- 掌握 IS-IS 现网分域的能力。

5.1　SDN 管控技术背景

SDN 管控技术是一种将设备控制与传送分离并直接可编程的新兴网络架构。5G 承载网的 SDN 管控技术是将 SDN 的集中化智能控制与 5G 承载网面向数据优化的高效多业务传送能力、电信级的高可靠性、端到端的 QoS 保障结合起来的全新承载网络架构。通过开放性的应用和服务,增强网络资源的智能化调度能力,使客户与网络资源之间的关系扁平化,从而提升运维管理和业务运营效率。

SDN 控制功能的核心为应用软件参与对网络行为的定义,通过自动化业务部署简化网络运维,通过开放的 APP 进行快速业务创新,即使承载网具备控制与传送分离、逻辑集中控制、开放的编程接口等技术特征,具体如下:

（1）控制与传送分离。控制平面与分组传送设备在逻辑上独立部署，减少分组传送设备上的分布式网络协议，从而降低分组传送设备的复杂性。通过控制与传送分离，可支持控制平面与传送平面的独立发展。

（2）逻辑集中控制。为达到全网资源的高效利用，SDN 实现了控制功能逻辑集中化。相比传统分布式控制平面，集中控制可以掌握全局网络资源，进行最优的控制决策，实现网络资源全局最优利用。

（3）开放的编程接口。通过标准的可编程网络控制接口，SDN 使承载网可向外部应用开放网络资源信息，允许第三方业务应用灵活利用网络资源，实现网络和业务的持续演进和不断创新。开放的编程接口有利于承载网走向开放和合作的业务开发和经营模式。

5.2　SDN 管控架构

SDN 管控架构如图 5-1 所示。

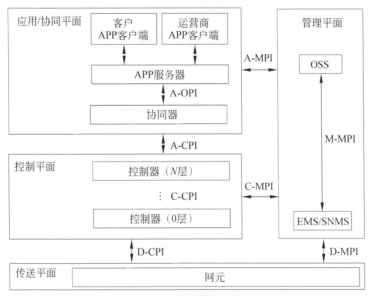

图 5-1　SDN 管控架构

采用 SDN 管控技术，在现网部署中可对传送平面、控制平面、管理平面、应用/协同平面进行软件服务化设计、共云平台部署，以实现 SDN 管理、控制、应用集成部署。

1. 传送平面

简单理解，传送平面就是由承载网设备连接成的具有业务传送能力的网络。

传送平面提供两点或多点之间的双向或单向的用户业务传送能力，也可以提供控制和网络管理信息的传送。此外，传送平面提供信息传输过程中的 OAM、保护恢复、业务 SLA保证、时钟同步等功能。传送平面承载和传送客户层的各种业务，并保证客户业务信息的透明性。

2. 控制平面

控制平面由支持分层部署的控制器组成，对传送平面的转发行为进行无须人为参与的闭环决策控制,并向上层应用/协同平面提供控制策略北向接口。

控制器根据业务需求生成转发行为控制数据,并逐层分解控制粒度,最终下发到传送平面各节点,控制网络的业务转发、保护、恢复等行为。控制器应支持分层分域部署,以满足大规模网络的组网要求,分层部署的控制器之间通过带外控制通道互连。上层控制器可连接多个下层控制器,完成跨下层控制域的业务统一控制。

控制平面应具备高可靠性、高安全性,应配置防火墙以防止外部网络或客户对网络的攻击,并且控制平面失效不应影响传送平面业务转发。

3. 管理平面

管理平面包括 EMS/SNMS、OSS 系统,完成对承载网的网络管理和维护。在网络演进过程中,为保持和已有系统的兼容性,应支持与传统管理平面进行协同工作,并保持数据的一致性。

4. 应用/协同平面

应用/协同平面由协同器(orchestrator)、应用服务器(APP server)、应用客户端(APP client)组成。应用/协同平面通过调用应用/协同平面与控制平面接口(A-CPI)对网络进行操作。协同器是应用/协同平面中负责业务协同的组件,包括业务编排、业务策略管理等功能,屏蔽网络技术差异,实现网络资源的协同应用和全网资源的动态可视化构建。协同器向APP 提供面向业务模型的应用与协同器接口(A-OPI),方便第三方 APP 灵活定制运营商的网络资源。

5. 系统平面间接口

在 SDN 管控系统架构中,各平面通过软件接口进行交互并协同工作。各平面间的接口有以下 5 个:

(1)传送平面与控制平面接口(D-CPI)。用于控制平面对传送平面设备资源的调度、配置以及状态获取。D-CPI 定义了网元级资源信息模型,实现了控制平面对传送资源的统一调度。D-CPI 应能支持多样化接口形式并能兼容现有网元接口。

(2)应用/协同平面与控制平面接口(A-CPI)。控制平面通过 A-CPI 对应用/协同平面提供网络级的抽象能力和服务。A-CPI 定义了网络级资源信息模型,实现了网络能力抽象。

(3)管理平面与传送平面接口(D-MPI)。管理平面通过该接口可对网元实施管理,实现光通道的建立、确认和监视,并在需要时对其进行保护和恢复。

(4)控制平面与管理平面接口(C-MPI)。用于控制平面与管理平面的信息交互,管理平面通过 C-MPI 对控制器进行管理和维护。

(5)应用/协同平面与管理平面接口(A-MPI)。用于应用/协同平面与管理平面的信息交互,通过 A-MPI,应用/协同平面可从管理平面获取存量资源信息,实现与管理平面的协作。

各平面内不同部件通过软件接口进行交互。平面内接口有以下 4 个:

(1)控制平面层间接口(C-CPI)。用于分层部署的控制器之间进行资源的协同调度和控制,每层控制器和其他层控制器之间均可通过 C-CPI 交互。C-CPI 定义了基于控制域的网络级资源信息模型,实现了全网控制器分层分域协同控制。上层控制器通过 C-CPI 对多个下层控制器的网络资源进行调度。

(2)应用与协同器接口(A-OPI)。用于协同器向应用提供基于业务级的抽象能力。A-

OPI 定义了业务级接口和模型,与具体使用的网络技术无关。业务级接口便于应用聚焦子业务开发,而不必关心具体的网络技术,降低了应用开发难度。

（3）应用客户端与应用服务器间接口。用于应用/协同平面内应用客户端与应用服务器之间的信息交互。

（4）管理平面层间接口(M-MPI)。现存的 EMS/SNMS 的北向接口用于 OSS 从 EMS/SNMS 获取网络存量资源信息和进行自动化业务配置,相关内容不在本书讨论范围之内。

5.3 SDN 管控关键技术

SDN 管控关键技术包括控制器、BGP-LS、PCEP、NetConf、RestConf 和数据建模语言 YANG。前 5 项技术在网络中的位置如图 5-2 所示。

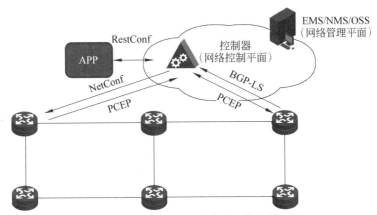

图 5-2 SDN 管控关键技术在网络中的位置

5.3.1 控制器

控制器可分层部署,实现网络的集中控制功能。控制器实际上是运行在服务器上的软件系统,同时连接着应用、管理平面和承载网设备,具有承上启下的桥梁作用。运营商可以通过该桥梁实现灵活的网络部署,例如实现跨 IS-IS 域、跨设备厂商甚至跨承载网设备类型的灵活网络部署。

1. 简介

控制器对网络进行集中控制。当承载网由多家厂商的设备组网时,厂商控制器与 NMS 合并设置,构成区域控制器(Domain Controller,DC)实现区域控制,由超级控制器(Super Controller,SC)管理 DC 实现跨厂商管控,数个控制器构成网络的控制平面,如图 5-3 所示。控制器实现网络拓扑和资源统一管理、网络抽象、路径计算、策略管理等功能,同时提供协议适配层和应用接口适配层。

2. 逻辑架构

控制器逻辑架构应包括北向接口协议适配层、业务层、策略层、网络层、资源抽象层以及南向接口协议适配层 6 个层次,同时还包括告警、性能、日志、数据库以及 S-SCN 接口和 S-MCN 接口等通用模块,如图 5-4 所示。

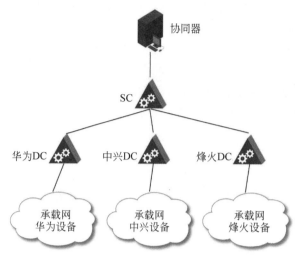

SC：超级控制器（Super Controller），管理多个DC
DC：区域控制器（Domain Controller），与NMS合设
图 5-3　多控制器部署示意图

图 5-4　控制器逻辑架构

控制器逻辑架构中各层和各模块支持的功能如下：

（1）北向接口协议适配层支持对业务适配的网络资源编程和控制接口，北向接口建议采用 RestConf 协议。

（2）业务层支持 L2VPN、L3VPN、TDM 仿真等业务的建立、拆除、修改功能，业务层使用策略层提供的各种策略完成业务选路和保护恢复、QoS、OAM 属性设置。

（3）策略层支持网络和业务所需的策略管理功能，包括路由策略、保护恢复策略、QoS 策略、OAM 策略、安全策略等。

（4）网络层支持对网络进行抽象，屏蔽物理网络细节，实现网络拓扑管理、管道连接管理。资源抽象层可提供物理网络抽象模型和虚拟网络抽象模型，用于路径计算。

（5）资源抽象层支持收集网元资源（包括网络中节点、端口等资源）的信息。

（6）南向接口协议适配层支持对下层控制器、传送平面网元的接口适配和下发。在网络演进过程中，也可采用控制器与网管的私有接口进行传送平面南向接口适配。

（7）通用功能模块提供网络必要的告警、性能和日志查询功能。

（8）S-SCN 接口是控制器与控制器之间以及控制器与网元之间安全可靠的传输通道。控制器还应支持与管理平面互通的接口。

（9）S-MCN 接口是管理平面之间以及管理平面与网元之间安全可靠的传输通道。

（10）数据库负责业务、策略、资源、告警、性能等数据的存储和同步。

3. 控制平面

数个控制器构成控制平面。控制平面总体架构如图 5-5 所示，包括分层部署的控制器以及相关接口。

控制平面使用的接口如下：

（1）控制平面通过 D-CPI 与传送平面进行交互，对传送平面的网元进行控制操作并获取网元相关资源的状态信息。

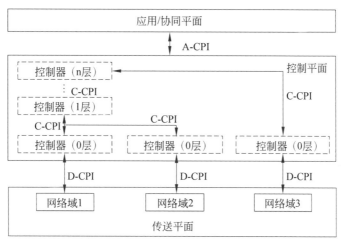

图 5-5　控制平面总体架构

（2）控制平面通过 A-CPI 与应用/协同平面进行交互,通过开放可编程接口向应用/协同平面提供网络服务。

（3）在控制平面分层部署的情况下,不同层次的控制器之间通过 C-CPI 进行交互,完成全网 SPN 资源的协同控制。

5.3.2　BGP-LS

BGP-LS(Border Gateway Protocol Link State,携带链路状态的边界网关控制协议),是一种集中控制协议,是 BGP 的扩展应用,用于控制器搜集网络实时拓扑状态。该协议汇总 IGP 收集的拓扑信息并传送给上层控制器,实现网络拓扑监控、流量调优、重路由等功能。

1. 简介

每个路由器都维护一个或多个数据库,用于存储任何给定区域内与节点、链路相关的链路状态信息。存储在这些数据库中的链路属性包括本地/远端 IP 地址、本地/远端接口标识符、链路度量和 TE(Traffic Engineering,流量工程)度量、链路带宽、保留带宽、CoS(Class-of-Service,服务等级)保留状态、优先级、共享风险链路组(Shared Risk Link Group,SRLG)。路由器的 BGP 进程可以从这些数据库中恢复拓扑并将其发布给使用者。

链路状态和 TE 信息的收集和发布如图 5-6 所示。

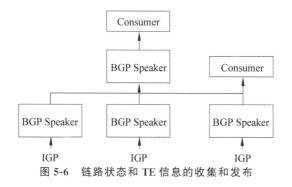

图 5-6　链路状态和 TE 信息的收集和发布

发送 BGP 报文的设备称为 BGP Speaker,相互交换报文的 Speaker 之间互称对等体

（peer）。BGP Speaker 支持信息发布策略的配置。BGP Speaker 可以从 LSDB（Link-State Database）或 TED（Traffic Engineering Database，流量工程数据库）中分发真实的物理拓扑，也可以创建一个抽象拓扑［由虚拟路径连接的虚拟聚合节点，聚合节点可以是同一个 POP（Point Of Presence，因特网接入点）的多台路由器］。抽象拓扑也可以是物理节点（或链路）和虚拟节点（或链路）的组合。通过配置 BGP Speaker 的拓扑信息更新频率，可以减小网络中拓扑更新信息的流量。

BGP-LS（RFC7552）产生前，网元使用 IGP（OSPF 协议或 IS-IS 协议）收集网络的拓扑信息，IGP 将各个域的拓扑信息单独上送给上层控制器。在这种拓扑收集方式下，存在以下几个问题：

（1）对上层控制器的计算能力要求较高，且要求控制器也支持 IGP 及其算法。

（2）当涉及跨 IGP 域拓扑信息收集时，上层控制器无法看到完整的拓扑信息，无法计算端到端的最优路径。

（3）不同的路由协议分别上送拓扑信息给上层控制器，控制器对拓扑信息的分析处理过程比较复杂。

BGP-LS 产生后，IGP 发现的拓扑信息由 BGP 汇总后上送给上层控制器，利用 BGP 强大的选路和算路能力带来以下几点优势：

（1）降低对上层控制器计算能力的要求，且不再对控制器的 IGP 能力有要求。

（2）BGP 将各个进程或各个自治系统（Autonomous System，AS）的拓扑信息进行汇总，直接将完整的拓扑信息上送给控制器，有利于路径选择和计算。

（3）网络中所有拓扑信息均通过 BGP 上送控制器，使拓扑上报协议归一化。

2. BGP-LS 路由

BGP-LS 在原有 BGP 的基础上引入了一系列新的 NLRI（Network Layer Reachability Information，网络层可达性信息）携带链路、节点和 IPv4/IPv6 前缀相关信息，这种新的 NLRI 称为链路状态 NLRI（Link-State NLRI）。BGP-LS 采用 MP_REACH_NLRI（多协议可达 NLRI）和 MP_UNREACH_NLRI（多协议不可达 NLRI）属性作为链路状态 NLRI 的容器，即链路状态 NLRI 是作为 MP_REACH_NLRI 或者 MP_UNREACH_NLRI 属性携带在 BGP 的 Update 消息中的。

一共有 6 种 BGP-LS 路由，分别用来携带节点、链路、路由前缀信息、IPv6 路由前缀信息、SRv6 SID 路由信息和 TE 策略路由信息。这几种路由相互配合，共同完成拓扑信息的传输。

BGP-LS 主要定义了如下几种链路状态 NLRI：Node NLRI（节点 NLRI）、Link NLRI（链路 NLRI）、IPv4 Topology Prefix NLRI（IPv4 拓扑前缀 NLRI ）、IPv6 Topology Prefix NLRI（IPv6 拓扑前缀 NLRI）。下面给出各种 NLRI 的报文格式。

（1）Node NLRI 报文格式如图 5-7 所示。

Node NLRI 报文各字段解释如下：

- Protocol-ID：协议标识，如 IS-IS、OSPF 和 BGP 等，8 位。
- Identifier：标识符，在运行 IS-IS、OSPF 多实例时，用于标识不同的协议实例，64 位。
- Local Node Descriptors：本地节点描述符，由一系列节点描述符 sub-TLV 组成，长度可变。

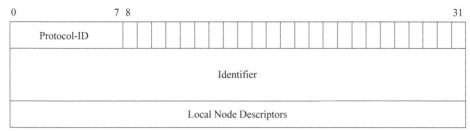

图 5-7　Node NLRI 报文格式

（2）Link NLRI 报文格式如图 5-8 所示。

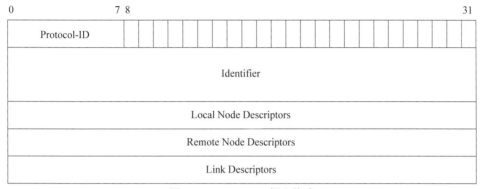

图 5-8　Link NLRI 报文格式

Link NLRI 报文各字段解释如下：
- Protocol-ID：协议标识，如 IS-IS、OSPF 和 BGP 等，8 位。
- Identifier：标识符，在运行 IS-IS、OSPF 多实例时，用于标识不同的协议实例，64 位。
- Local Node Descriptors：本地节点描述符，由一系列节点描述符 sub-TLV 组成，长度可变。
- Remote Node Descriptors：远端节点描述符，长度可变。
- Link Descriptors：链路描述符，长度可变。

（3）IPv4/IPv6 Topology Prefix NLRI 报文格式如图 5-9 所示。

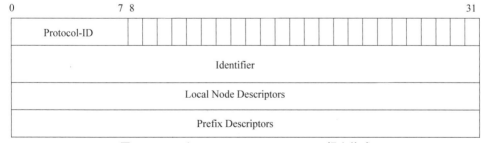

图 5-9　IPv4/IPv6 Topology Prefix NLRI 报文格式

IPv4/IPv6 Topology Prefix NLRI 报文各字段解释如下：
- Protocol-ID：协议标识，如 IS-IS、OSPF 和 BGP 等，8 位。
- Identifier：标识符，在运行 IS-IS、OSPF 多实例时，用于标识不同的协议实例，64 位。

- Local Node Descriptors：本地节点描述符，由一系列节点描述符 sub-TLV 组成，长度可变。
- Prefix Descriptors：前缀描述符，长度可变。

与此同时，针对上述 NLRI，BGP-LS 还定义了相应的属性，用于携带节点、链路和 IPv4/IPv6 前缀相关的参数和属性。BGP-LS 属性是以 TLV[Tag（标签）、Length（数据的长度）、Value（数据）]的形式和对应的 NLRI 携带在 BGP-LS 消息中。这些属性都属于 BGP 可选非传递属性，主要包括 Node Attribute（节点属性）、Link Attribute（链路属性）和 Prefix Attribute（前缀属性）。

3. 典型组网

1）IGP 域内拓扑信息收集

如图 5-10 所示，A、B、C 和 D 之间通过 IS-IS 协议达到 IP 网络互联的目的。A、B、C 和 D 同属于域 10，都是 Level-2 设备。在这种情况下，只需要 A、B、C 和 D 中的任何一台设备部署 BGP-LS 特性并与控制器建立 BGP-LS 邻居关系便可以达到整个网络拓扑收集和上送的目的。但是，为了拓扑上送的可靠性，往往选择两台或两台以上设备都部署 BGP-LS 特性并与控制器建立 BGP-LS 邻居关系。由于网络中的设备收集的拓扑信息相同，所以它们之间可以互相作为备份，当有设备出现故障时依然保证拓扑信息的及时上送。

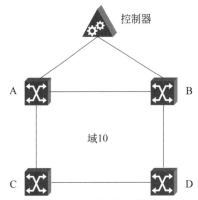

图 5-10　IGP 域内拓扑信息收集

2）BGP 自治域间拓扑信息收集

如图 5-11 所示，A 和 B 属于同一自治系统，两者之间建立 IS-IS 邻居关系。A 为自治系统内部的一台非 BGP 设备。B 和 C 之间建立 EBGP（External Board Gateway Protocol，外部边界网关协议）连接。在这种情况下，由于 BGP（未使能 BGP-LS）不能传递拓扑信息，所以 AS100 内的设备和 AS200 内的设备上收集的拓扑信息不同（都只能收集本自治系统的拓扑信息），所以此时要求 AS100 和 AS200 两个自治系统中都至少有一台设备使能 BGP-LS 特性并与控制器建立 BGP-LS 邻居关系。每个自治系统中有两台或两台以上设备与控制器相连，则可以保证拓扑收集与上送的可靠性。

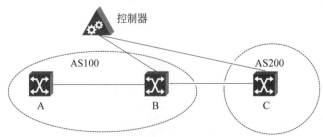

图 5-11　BGP 自治域间拓扑信息收集

4. 部署实例

图 5-12 给出了 BGP-LS 部署实例。

每个 IS-IS 域内至少选取两台设备与控制器建立 BGP-LS 连接（逻辑连接），设备将通

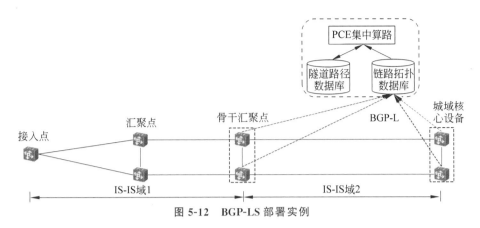

图 5-12　BGP-LS 部署实例

过 IS-IS 域搜集的网络拓扑信息 LSDB 等通过 BGP-LS 上报给控制器。核心 IS-IS 域选取一对核心设备启用 BGP-LS，接入汇聚 IS-IS 域选取骨干汇聚对（IS-IS 分层点）设备启用 BGP-LS。

同一对骨干汇聚点带多个 IS-IS 进程时，启用一个 BGP-LS 将多个进程绑定到一个 BGP-LS 会话上。

以华为 SPN 设备的 BGP-LS 全局配置为例，其脚本示例如下，其中 3.3.3.3 为 BGP-LS Server 的 IP 地址。

```
#
bgp 10
  peer3.3.3.3 as-number 10
#
link-state-family unicast
  peer3.3.3.3 enable
#
```

同时，需要在对应的 IS-IS 配置中使能 BGP-LS：

```
#
isis 1
  ****(此部分配置省略)
  bgp-ls enable level-2
#
```

5.3.3　PCEP

PCEP（Path Computation Element communication Protocol，路径计算单元通信协议）是一种集中动态控制协议，用于设备向控制器请求隧道算路以及控制器向设备下发隧道标签栈信息，即网络路径的请求和计算。PCEP 面向连接，效率高。

1. 简介

为实现更好的网络控制，承载网网络设备和 SDN 控制器应支持 PCEP，并通过 PCEP 将集中算路结果实时下发到网络设备，或由网络设备向控制器提交算路申请。在 PCEP 模

型中,主要有两个功能角色:

- PCC(Path Computation Client,路径计算客户端)。任何请求 PCE 执行路径计算的客户端应用程序(在承载网中,PCC 是指每个承载网设备实体)。
- PCE(Path Computation Element,路径计算单元)。能够基于网络拓扑或约束条件计算网络路径或路由的应用程序或节点(在承载网中,PCE 是指集中部署的控制器)。

PCEP 使用 TCP 承载,且无须依赖其他协议就可以满足消息的可靠传递和流量控制。同时,所有 PCE 消息使用 4189 作为 TCP 源、宿端口号。

2. 原理

1) 会话建立

一旦 PCC(承载网设备)与 PCE(控制器)间建立 TCP 连接成功,PCC 和 PCE 就开始协商各种会话参数以建立 PCEP 会话。一对 PCEP 对等体间只允许存在一个 PCEP 会话。

2) 会话保持

为了实现会话保持功能,与 TCP 机制类似 PCEP 也使用了保活机制,这个机制依赖于一个保活计时器(keepalive timer)、一个死亡计时器(dead timer)和保持消息(keepalive message)。

3) 路径计算请求

当 PCC(承载网设备)和一个或多个 PCE(控制器)成功建立 PCEP 会话后,如果由于某个事件触发了一组路径的计算请求(例如接入环发生光缆中断),则 PCC 首先选择一个或多个 PCE。PCC 将给 PCE 发送路径计算请求消息(PCReq message),这个消息中包含了路径计算的约束条件及路径属性。

4) 路径计算应答

PCE(控制器)收到路径计算请求消息后进行路径计算和应答。

5) 通告

通告用于 PCE(控制器)向 PCC(承载网设备)告知一些特殊事件,例如 PCE 暂时无法及时响应计算请求。

6) 错误

PCEP 错误消息(error message,也称为 PCErr message)用于提示发生协议错误或路径请求不符合 PCEP 规范。

7) 结束 PCEP 会话

当一个 PCEP 会话的一方打算结束 PCEP 会话时,它首先会发送一个 PCEP 关闭消息(close message),然后关闭 TCP 连接。如果 PCEP 会话是由 PCE 关闭的,PCC 将清除已经发送给 PCE 但还未收到应答的路径计算请求的所有状态;与此类似,如果 PCEP 会话是由 PCC 关闭的,PCE 将清除未完成路径计算的路径计算请求及相应状态。只有在 PCEP 会话先前已经成功建立的情况下,才能发送关闭消息终止该会话。

3. 部署实例

图 5-13 给出了 PCEP 部署实例。

所有需部署 SR-TP 的设备均要与控制器建立 PCEP 连接,在设备侧指定 PCEP 服务器 IP 地址并使能 PCEP 客户端协议。

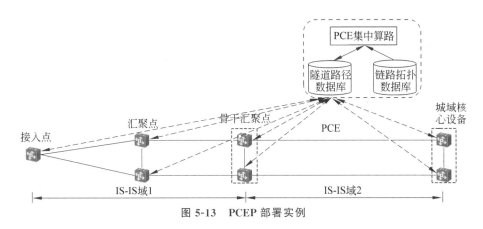

图 5-13　PCEP 部署实例

以华为 SPN 设备上的 PCEP 配置为例,其脚本示例如下,其中 3.3.3.3 为 PCEP 服务器的 IP 地址。

```
#
pce-client
  multi-delegate enable
  capability initiated-lsp
  capability segment-routing label-stitch
  connect-server3.3.3.3
#
```

5.3.4　NetConf

NetConf(Network Configuration,网络配置)协议定义了对网络设备的增、删、改、查、回滚等配置操作,网络管理系统(Network Management System,NMS)通过 NetConf 协议对远端设备的配置进行下发、修改和删除等操作。网络设备提供了规范的应用程序编程接口(Application Programming Interface,API),NMS 可以通过 NetConf 使用这些 API 管理网络设备。

NetConf 是基于 XML(Extensible Markup Language,可扩展标记语言)的网络配置和管理协议,使用简单的基于 RPC(Remote Procedure Call,远程过程调用)机制实现客户端和服务器之间通信。客户端可以是脚本或者网管上运行的一个应用程序。服务器是一个典型的网络设备。

1. 产生背景

云时代对网络的关键诉求之一是网络自动化,包括业务快速按需自动发放、自动化运维等。传统的命令行和 SNMP(Simple Network Management Protocol,简单网络管理协议)已经不适应云化网络的诉求。

2002 年 6 月,互联网架构委员会(Internet Architecture Board,IAB)举办了主题为 Network Management 的会议,讨论当时普遍使用的网络管理协议,并指出 SNMP 及 CLI (Command Line Interface,命令行接口)都存在一定的缺点。

(1) SNMP 主要用于网络监控,但在配置管理上是失败的,主要存在以下问题:

- 可读性差。SNMP 采用数字索引,例如 1.3.6.1.2.1.2.2.1.4。
- 性能不足。基于属性逐个配置,数据读取慢,不适合大型网络。
- 配置下发困难,支持 write 的 MIB 少。
- 不支持事务机制。面向无状态的操作,配置失败时不能中断。
- 不支持配置回滚,配置失败时不能回退到以前的配置。
- 可编程性差。缺少复合类型数据结构,RPC 接口少,调试耗时。

(2)CLI 是人机接口,配置过程复杂,厂商差异大,人工学习成本高。CLI 主要存在以下问题:

- 缺乏数据模型。相同命令在不同厂商甚至同一厂商的不同设备上表现不同。
- 维护困难,缺少版本管理。
- 互通困难。每个厂商设备自己集成,厂商间无法互通。
- 面向人类语言,网络编程时语法、语义解析复杂。
- 存在安全隐患。一般采用 telnet 连接,安全性不高。

为了弥补 SNMP 和 CLI 的缺陷,基于 XML 的 NetConf 协议应运而生。其优点如下:

(1)NetConf 采用分层的协议框架,更适应云化网络按需、自动化、大数据的诉求。

(2)NetConf 以 XML 格式定义消息,运用 RPC 机制修改配置信息,这样既能方便管理配置信息,又能满足来自不同厂商设备之间的互操作性。

(3)NetConf 基于 YANG 模型对设备进行操作,可减少由于人工配置错误引起的网络故障。

(4)NetConf 提供了认证、鉴权等安全机制,保证了消息传递的安全。

(5)NetConf 支持对数据的分类存储和迁移,支持分阶段提交和配置隔离,实现了事务机制验证回滚。配置整体生效,可以缩短对网络业务的影响时间。

(6)NetConf 定义了丰富的操作接口,并支持基于能力集进行扩展。不同厂商的设备可以定义自己的协议操作,以实现独特的管理功能。

2. 简介

1)基本网络架构

NetConf 的基本网络架构如图 5-14 所示,整套系统必须包含至少一个 NMS 作为整个网络的网管中心,NMS 运行在 NMS 服务器上,对设备进行管理。

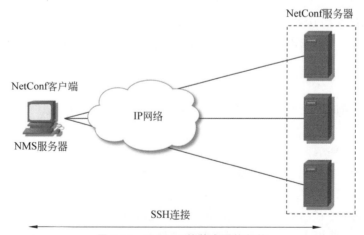

图 5-14 NetConf 的基本网络架构

NetConf 协议的主要元素有 NetConf 客户端和 NetConf 服务器。

NetConf 客户端的主要作用如下：

（1）利用 NetConf 协议对网络设备进行系统管理。

（2）向 NetConf 服务器发送 RPC 请求，查询或修改一个或多个具体的参数值。

（3）接收 NetConf 服务器主动发送的告警和事件，以获知被管理设备的当前状态。

NetConf 服务器主要用于维护被管理设备的信息并响应客户端的请求。

（1）NetConf 服务器收到 NetConf 客户端的请求后会进行数据解析，然后向 NetConf 客户端返回响应。

（2）当设备发生故障或其他事件时，NetConf 服务器利用通知（notification）机制主动将设备的告警和事件告知 NetConf 客户端，向 NetConf 客户端报告设备的当前状态变化。

2）基本会话建立过程

NetConf 协议使用 RPC 通信模式，NetConf 客户端和 NetConf 服务器之间使用 RPC 机制进行通信。NetConf 客户端必须和 NetConf 服务器成功建立一个安全的、面向连接的会话才能进行通信。NetConf 客户端向 NetConf 服务器发送一个 RPC 请求，NetConf 服务器处理完用户请求后向 NetConf 客户端发送一个回应消息。

NetConf 会话建立和关闭的基本流程如下（图 5-15）：

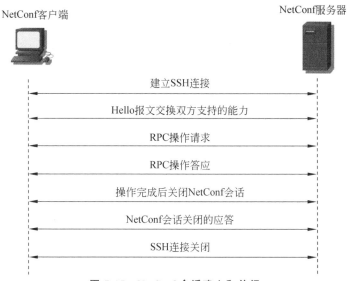

图 5-15　NetConf 会话建立和关闭

（1）NetConf 客户端触发 NetConf 会话建立，完成 SSH 连接建立，并进行认证与授权。

（2）NetConf 客户端和 NetConf 服务器完成 NetConf 会话建立和能力协商。

（3）NetConf 客户端发送一个或多个请求给 NetConf 服务器，进行 RPC 交互（鉴权）。例如：

- 修改并提交配置。
- 查询配置数据或状态。
- 对设备进行维护操作。

（4）NetConf 客户端关闭 NetConf 会话。

（5）SSH 连接关闭。

3. 协议框架

NetConf 协议采用了分层结构。每层分别对协议的某一方面进行包装，并向上层提供相关服务。分层结构使每层只关注协议的一方面，实现简单，同时使各层之间的依赖、内部实现的变更对其他层的影响降到最低。

NetConf 协议划分为 4 层，由低到高分别为安全传输层（secure transport layer）、消息层（messages layer）、操作层（operations layer）和内容层（content layer），如图 5-16 所示。

（1）安全传输层。在 NetConf 服务器与 NetConf 客户端之间创建一个更安全、更可靠的传输通道。该层使用 SSH/SSL 协议，并提供了加密、认证和完整性校验。

（2）消息层。NetConf 客户端将 RPC 请求内容通过＜rpc＞元素封装后发送给 NetConf 服务器，NetConf 服务器把请求的处理结果封装在＜rpc-reply＞元素内回应给 NetConf 客户端。

（3）操作层。该层定义了一组基本协议操作，作为 RPC 的调用方法。该层支持事务和回滚，可以分阶段配置，失败时可中断或回退。

（4）内容层。该层指明了操作层操作的内容。其特点是配置、状态和统计数据分离，可扩展性好，支持批量操作。目前主流的数据模型有 Schema 模型、YANG 模型等。YANG 是专门为 NetConf 协议设计的数据建模语言。NetConf 客户端可以将 RPC 操作编译成 XML 格式的报文，XML 遵循 YANG 模型约束进行 NetConf 客户端和 NetConf 服务器之间通信。

图 5-16　NetConf 协议框架

4. 能力集

能力集（capabilities）是一组基于 NetConf 协议实现的基础功能和扩展功能的集合。NetConf 能力集包括由 IETF 标准组织定义的标准能力集，以及由各设备制造商定义的扩展能力集。

下面介绍 NetConf 能力集交换过程。

NetConf 会话一旦建立，NetConf 客户端和 NetConf 服务器会立即向对端发送 Hello 消息（含有本端支持的能力集列表的＜hello＞元素），通告各自支持的能力集。这样双方就能利用协商后的能力集实现特定的管理功能。NetConf 能力集交换过程如图 5-17 所示。

对于标准能力集（除 Notification 外），以 NetConf 服务器支持的能力集为协商结果；对于扩展能力集，以双方支持的能力集的交集为协商结果。

一般地，NetConf 客户端和 NetConf 服务器经过如下的步骤来完成配置的获取和改变：

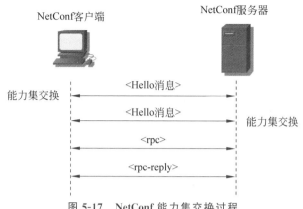

图 5-17　NetConf 能力集交换过程

- NetConf 客户端和 NetConf 服务器建立面向连接的传输协议的会话。
- 通过 Hello 消息协商彼此支持功能力集,如都支持 NetConf 的最高级版本,从而避免解析时的歧义。
- NetConf 客户端向 NetConf 服务器发送＜rpc＞请求。
- NetConf 服务器接收并解析＜rpc＞请求,通过 YANG 数据模型的定义验证 RPC 请求的合法性。
- NetConf 服务器执行＜rpc＞请求,执行结果作为＜rpc-reply＞响应消息返回给 NetConf 客户端。
- NetConf 客户端接收并解析响应消息。

5. 操作和能力

NetConf 协议提供了一组基本操作,用于管理设备的配置数据以及查询设备的配置和状态信息。NetConf 协议还可以根据设备支持的能力集支持附加的操作。

（1）基本能力。NetConf 协议定义了基本能力。这些基本能力定义了一系列操作,用于修改数据库配置、从数据库获取信息等。NetConf 基本能力定义的操作只是 NetConf 必须实现的功能的最小集合,而不是功能的全集。

（2）标准能力。NetConf 协议还定义了标准能力。这些标准能力定义了一系列操作,使 NetConf 功能更加强大,并使其在容错性、可扩展性等方面得到加强,最终将有利于实现基于 NetConf 的开放式网络管理体系结构,为设备厂商扩展功能提供有效的途径。

（3）扩展能力。除了 NetConf 定义的能力集以外,设备厂商也可以定义自己的能力集,以实现 NetConf 定义以外的特色功能。

5.3.5　YANG

YANG 是一种数据建模语言,全称为 Yet Another Next Generation。它定义了 NetConf 交互的内容。所谓数据模型(data model)是对数据特征的抽象和表达,它从抽象层次上描述了系统的静态特征、动态行为和约束条件,为数据库系统的信息表示与操作提供了一个抽象的框架。数据模型所描述的内容有 3 部分,分别是数据结构、数据完整性约束和数据操作。

1. 简介

YANG 可以为网络配置管理协议（例如 NetConf、RestConf）使用的配置数据、状态数据、远程过程调用和通知等建立数据模型。通过 YANG 描述数据结构、数据完整性约束和数据操作，形成了一个个 YANG 模型（YANG 文件）。如果设备上集成了 YANG 模型并作为服务器端，则可以使用 NetConf 或 RestConf 实现对设备的统一管理、配置和监控，从而简化网络运维管理，降低运维成本。

如图 5-18 所示，设备上集成了 YANG 模型并作为服务器端，网络管理员可以利用 NetConf 协议或 RestConf 协议统一管理、配置、监控已经支持 YANG 的各类网络设备。

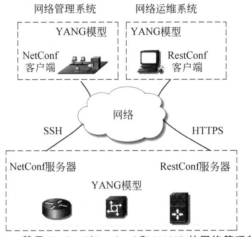

图 5-18　基于 NetConf/RestConf 和 YANG 的网络管理架构

2. YANG 与 YIN

设备解析模型时用 YIN（YANG Independent Notation，YANG 独立表示法）模型文件。YIN 是 XML 表达方式的 YANG，YANG 与 YIN 使用不同的表达方式，但包含等价的信息，如图 5-19 所示。

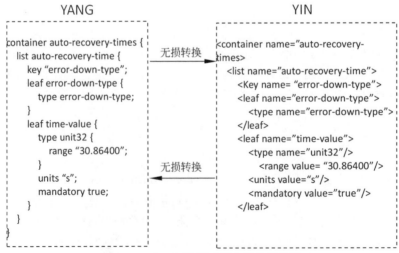

图 5-19　YANG 与 YIN 包含等价的信息

1）YANG 与 XML

图 5-20 说明了 YANG 与 XML 的关系。

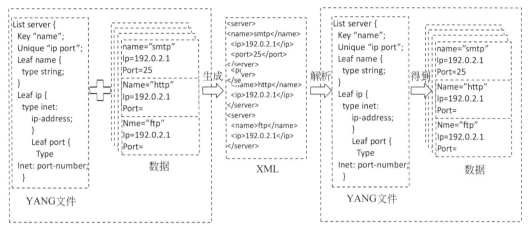

图 5-20　YANG 与 XML 的关系

YANG 文件类似于模板,填上数据,就可以生成一致的 XML 设备使用的 YANG 文件,解析出数据。

2）YANG 报文示例

RPC 请求查询数据库中 IFM 特性的接口配置,RPC 应答报文返回查询到的接口配置信息。

RPC 请求报文如下:

```
<? xml version="1.0" encoding="utf-8"?>
<rpc xmlns="urn:ietf:params:xml:ns:netconf:base:1.0" message-id="831">
  <get>
    <filter type="subtree">
      <ifm:ifm xmlns:ifm="urn:huawei:yang:huawei-ifm">
        <ifm:interfaces>
          <ifm:interface/>
        </ifm:interfaces>
      </ifm:ifm>
    </filter>
  </get>
</rpc>
```

RPC 应答报文返回了 10GE1/0/1 接口的配置:

```
<? xml version="1.0" encoding="utf-8"?>
<data xmlns="urn:ietf:params:xml:ns:netconf:base:1.0">
  <ifm xmlns="urn:huawei:yang:huawei-ifm">
    <interfaces>
      <interface>
        <name>10GE1/0/1</name>
        <index>4</index>
        <class>main-interface</class>
```

```
<type>10GE</type>
<position>0/0/0</position>
<number>1/0/1</number>
<admin-status>up</admin-status>
<link-protocol>ethernet</link-protocol>
<statistic-enable>true</statistic-enable>
<mtu>1500</mtu>
<spread-mtu-flag>false</spread-mtu-flag>
<vrf-name>_public_</vrf-name>
<dynamic>
  <oper-status>up</oper-status>
  <physical-status>up</physical-status>
  <link-status>up</link-status>
  <mtu>1500</mtu>
  <bandwidth>100000000</bandwidth>
  <ipv4-status>up</ipv4-status>
  <ipv6-status>down</ipv6-status>
  <is-control-flap-damp>false</is-control-flap-damp>
  <mac-address>00e0-fc12-3456</mac-address>
  <line-protocol-up-time>2019-05-25T02:33:46Z</line-protocol-up-time>
  <is-offline>false</is-offline>
  <link-quality-grade>good</link-quality-grade>
</dynamic>
<mib-statistics>
  <receive-byte>0</receive-byte>
  <send-byte>0</send-byte>
  <receive-packet>363175</receive-packet>
  <send-packet>61660</send-packet>
  <receive-unicast-packet>66334</receive-unicast-packet>
  <receive-multicast-packet>169727</receive-multicast-packet>
  <receive-broad-packet>127122</receive-broad-packet>
  <send-unicast-packet>61363</send-unicast-packet>
  <send-multicast-packet>0</send-multicast-packet>
  <send-broad-packet>299</send-broad-packet>
  <receive-error-packet>0</receive-error-packet>
  <receive-drop-packet>0</receive-drop-packet>
  <send-error-packet>0</send-error-packet>
  <send-drop-packet>0</send-drop-packet>
</mib-statistics>
<common-statistics>
  <stati-interval>300</stati-interval>
  <in-byte-rate>40</in-byte-rate>
  <in-bit-rate>320</in-bit-rate>
  <in-packet-rate>2</in-packet-rate>
  <in-use-rate>0.01%</in-use-rate>
  <out-byte-rate>0</out-byte-rate>
  <out-bit-rate>0</out-bit-rate>
  <out-packet-rate>0</out-packet-rate>
  <out-use-rate>0.00%</out-use-rate>
```

```
                    <receive-byte>0</receive-byte>
                    <send-byte>0</send-byte>
                    <receive-packet>363183</receive-packet>
                    <send-packet>61662</send-packet>
                    <receive-unicast-packet>66334</receive-unicast-packet>
                    <receive-multicast-packet>169727</receive-multicast-packet>
                    <receive-broad-packet>127122</receive-broad-packet>
                    <send-unicast-packet>61363</send-unicast-packet>
                    <send-multicast-packet>0</send-multicast-packet>
                    <send-broad-packet>299</send-broad-packet>
                    <receive-error-packet>0</receive-error-packet>
                    <receive-drop-packet>0</receive-drop-packet>
                    <send-error-packet>0</send-error-packet>
                    <send-drop-packet>0</send-drop-packet>
                    <send-unicast-bit>0</send-unicast-bit>
                    <receive-unicast-bit>0</receive-unicast-bit>
                    <send-multicast-bit>0</send-multicast-bit>
                    <receive-multicast-bit>0</receive-multicast-bit>
                    <send-broad-bit>0</send-broad-bit>
                    <receive-broad-bit>0</receive-broad-bit>
                    <send-unicast-bit-rate>0</send-unicast-bit-rate>
                    <receive-unicast-bit-rate>0</receive-unicast-bit-rate>
                    <send-multicast-bit-rate>0</send-multicast-bit-rate>
                    <receive-multicast-bit-rate>0</receive-multicast-bit-rate>
                    <send-broad-bit-rate>0</send-broad-bit-rate>
                    <receive-broad-bit-rate>0</receive-broad-bit-rate>
                    <send-unicast-packet-rate>0</send-unicast-packet-rate>
                    <receive-unicast-packet-rate>0</receive-unicast-packet-rate>
                    <send-multicast-packet-rate>0</send-multicast-packet-rate>
                    <receive-multicast-packet-rate>0</receive-multicast-packet-rate>
                    <send-broadcast-packet-rate>0</send-broadcast-packet-rate>
                    <receive-broadcast-packet-rate>0</receive-broadcast-packet-rate>
                </common-statistics>
            </interface>
        </ifm>
    </data>
```

3. YANG 与 NetConf

如图 5-21 所示,在典型的基于 YANG 的解决方案中,客户端和服务器是由 YANG 模块的内容驱动的。服务器将 YNAG 模型定义的 YIN 数据作为元数据提供给 NetConf 引擎。NetConf 引擎处理传入的 RPC 请求,并使用元数据解析和验证请求,执行请求的操作,最终将结果返回给客户端。

要使用 YANG,就必须使用 YANG 模型对特定的问题域建模。然后将这些模型加载、编译或编码到服务器中。

典型的客户端/服务器交互的过程如下:

(1)客户发起并完成 SSH 连接、认证和授权。

(2)客户端启动 NetConf 会话建议,并通过 Hello 消息进行双方能力集的通告。

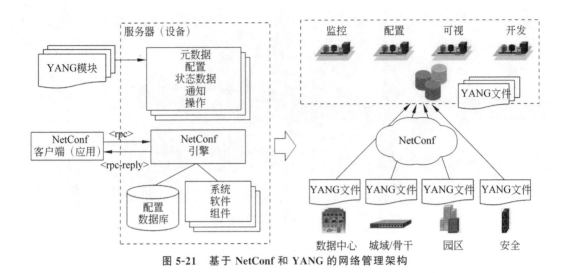

图 5-21　基于 NetConf 和 YANG 的网络管理架构

（3）客户端使用 NetConf 定义的＜rpc＞元素构建和发送由 YANG 模型定义、以 XML 编码的 NetConf 操作。

（4）服务器接收和解析＜rpc＞元素。

（5）根据在 YANG 模型中定义的数据模型验证请求的内容。

（6）服务器执行请求的操作,可能更改存储的配置数据。

（7）服务器构建响应内容,这个响应内容可以包含任何请求数据和错误。

（8）服务器使用 XML 对响应内容进行编译,使用 NetConf 定义的＜rpc-reply＞元素进行响应。

（9）客户端接收并解析＜rpc-reply＞元素。

（10）客户端检查服务器的响应内容,并根据需要进行下一步处理。

5.3.6　RestConf

RestConf 是一种网络配置协议,定义了对网络设备数据的增、删、改、查等操作。控制器的北向接口采用 RestConf＋YANG 进行网络设备数据交互。

1. 背景

RestConf 是在融合 NetConf 和 HTTP 的基础上发展而来的。RestConf 以 HTTP 的方法提供了 NetConf 协议的核心功能,编程接口符合 IT 业界流行的 RESTful 风格,为用户提供了高效开发 Web 化运维工具的能力。

2. 协议架构

RestConf 的基本网络架构如 5-22 所示。下面介绍 RestConf 基本网络架构中的主要元素:

（1）RestConf 客户端利用 RestConf 协议对网络设备进行系统管理。RestConf 客户端向 RestConf 服务器发送请求,可以实现创建、删除、修改或查询一个或多个数据。

（2）RestConf 协议以设备作为服务器。RestConf 服务器用于维护被管理设备的数据并响应 RestConf 客户端的请求,把数据返回给发送请求的 RestConf 客户端。RestConf 服务器收到 RestConf 客户端的请求后会进行解析并处理请求,然后向 RestConf 客户端返回响应。

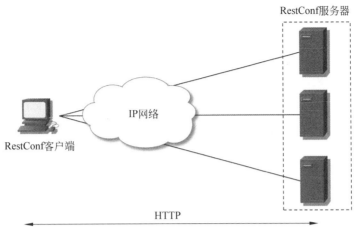

图 5-22　**RestConf** 的基本网络架构

RestConf 客户端从运行的 RestConf 服务器上获取的信息包括配置数据和状态数据。

- RestConf 客户端可以查询状态数据和配置数据。
- RestConf 客户端可以修改配置数据，并通过操作配置数据，使 RestConf 服务器达到用户期望的状态。
- RestConf 客户端不能修改状态数据，状态数据主要是 RestConf 服务器的运行状态和统计的相关信息。

3．建模语言

RestConf 使用 YANG 作为其建模语言。YANG 是用来对 RestConf 协议中的配置数据和状态数据等进行建模的数据建模语言。

4．消息编码

RestConf 客户端和服务器之间使用 HTTP 进行通信。RestConf 客户端必须和 RestConf 服务器成功建立一个安全的、面向连接的会话后才能进行通信。RestConf 客户端向 RestConf 服务器发送一个请求，RestConf 服务器处理完请求后，向 RestConf 客户端发送一个响应消息。RestConf 客户端发送的请求和 RestConf 服务器的响应消息可以使用 XML 或者 JSON 编码。

5．能力集

RestConf 除了提供一组基本操作以外，还可以提供设备支持的扩展能力。每个能力集使用一个唯一的 URI 进行标识。RestConf 能力集描述如表 5-1 所示。

表 5-1　**RestConf 能力集描述**

查询参数	URI	操作描述
depth	urn：ietf：params：xml：restconf：capability：depth：1.0	设备支持 1.0 版本的 depth 查询参数，该参数表明设备支持限定查询数据的层次数
fields	urn：ietf：params：xml：restconf：capability：fields：1.0	设备支持 1.0 版本的 fields 查询参数，该参数表明设备支持获取目标数据内容的子集
with-defaults	urn：ietf：params：xml：restconf：capability：with-defaults：1.0	设备支持 1.0 版本的 with-defaults 查询参数，该参数表明设备具备处理默认值呈现方式的能力

查询参数	URI	操 作 描 述
defaults	urn：ietf：params：restconf：capability：defaults：1.0	声明 with-defaults 的默认值。 说明：在请求 URI 中不指定 with-defaults 查询参数时默认值是 report-all（报告所有节点）

6. 操作方法

NetConf 定义了配置数据库和增、删、改、查操作，这些操作可以用来访问配置数据库。NetConf 使用 YANG 语言定义了数据库内容、配置数据、状态数据、RPC 操作等的语法语义。RestConf 协议通过 HTTP 方法可以识别 NetConf 中定义的增、删、改、查操作，用于访问 YANG 定义的数据。RestConf 与 NetConf 操作方法的对应关系如表 5-2 所示。

表 5-2　RestConf 与 NetConf 操作方法的对应关系

RestConf ＋ YANG	NetConf ＋ YANG
OPTIONS	
HEAD	＜get-config＞、＜get＞
GET	＜get-config＞、＜get＞
POST	＜edit-config＞（nc：operation＝"create"）
POST	调用 RPC 操作
PATCH	当操作对象已存在时，＜edit-config＞（nc：operation＝"merge"）
DELETE	＜edit-config＞（nc：operation＝"delete"）

5.4　网络管理平面

1. 简介

网络管理平面在网络中的位置见图 5-2。

网络管理平面主要由网元管理系统（EMS）、子网管理系统（SNMS）以及 OSS 系统组成。网元管理系统承担授权区域内各网络单元的管理；子网管理系统提供网络层管理功能。网元管理系统和子网管理系统也可由同一系统实现，该系统应同时具有网元管理和子网管理功能。上层网络管理系统（如 OSS）可以通过网元管理系统、子网管理系统对网络进行管理。网络管理平面架构如图 5-23 所示。

管理平面 IP 地址（包括设备管理接口地址、SDN 控制器管理接口地址）支持 IPv4/IPv6 双栈地址。

2. 管理功能

1）拓扑管理

网络拓扑管理功能主要包括拓扑视图、拓扑浏览和拓扑编辑功能。

网络拓扑管理支持网络拓扑视图功能。网络拓扑视图包括对象显示和实时告警显示，各视图之间可无障碍切换，支持以拓扑搜索和手工创建两种方式建立网络拓扑视图，并对拓

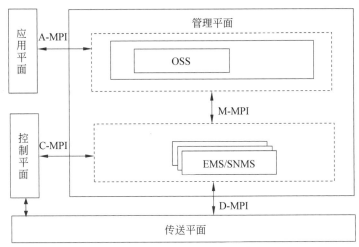

图 5-23 网络管理平面架构

扑对象进行管理。网络拓扑视图应能提供如下网络拓扑结构：物理视图、隧道路由视图、伪线路由视图、客户业务视图、网络保护视图、时钟/时间同步视图。

2）配置管理

网络配置管理功能主要包括子网配置管理、端到端路径配置管理、端到端业务配置管理等。

子网配置管理功能包括子网布局（单设备型、树状、星形、环形）、子网创建/删除/查询、子网修改、子网拓扑结构切换等。

端到端路径配置管理功能包括对端到端 MPLS-TP 或 SR-TP 隧道及 PW 伪线的创建/删除/查询/修改、创建 MPLS-TP 或 SR-TP 隧道主备路径视图、批量创建或复制 MPLS-TP 或 SR-TP 隧道，以及 FlexE 客户端通道的创建/删除/查询/修改等。

端到端业务配置管理功能包括以太网 L2VPN 业务（VLL 专线、VPLS 专网）配置管理、以太网 L3VPN 业务配置管理、TDM 业务（CES/CEP）配置管理、ATM 业务配置管理等。

3）故障管理

网络故障管理功能包括告警收集与显示、告警查询与统计、告警确认与清除、告警过滤、告警同步、告警级别分配（可选）、告警预投入、环回测试等。主要告警功能如下：

- 5 种类别告警：设备告警、服务质量告警、通信告警、环境告警、处理失败告警。
- 6 种告警级别：紧急告警、主要告警、次要告警、提示告警、不确定告警、清除告警。
- 4 种告警状态：未确认当前告警、已确认当前告警、未确认历史告警、已确认历史告警。
- 两种端到端告警管理：端到端路径告警、端到端业务告警。

4）性能管理

网络性能管理功能包括性能监测参数管理、性能监测管理、性能数据上报管理、性能门限管理、性能数据查询、性能数据存储、性能趋势分析等。此外，网络性能管理还应满足以下要求：

- 支持 MPLS-TP 或 SR-TP 隧道、PW 伪线、通道、物理端口多个层面的性能监测。
- 支持 15min、24h、分/秒级性能监测周期。

- 能根据性能监测数据进行实时流量和带宽利用率统计。
- 支持端到端路径和业务性能管理功能。

5）安全管理

网络安全管理功能包括用户管理、权限控制、操作日志管理、登录日志管理。

6）系统管理

网络系统管理功能包括系统自身管理、软件管理、数据管理。

7）系统间接口

系统间接口包括北向接口和南向接口。

（1）北向接口。

网络管理平面应提供与上层 OSS、控制器或应用系统间的北向接口功能（即系统架构 M-MPI），通过该接口开放网络编程能力，便于灵活定制、开通业务。北向接口应满足如下要求：

- 应提供兼容传统 OMC 系统的 MTOSI、CORBA、性能文本、SNMP 接口，包括底层协议栈、信息模型以及接口功能满足存量网络 OMC 系统平滑演进至 SPN 集中管控系统。
- 应提供 RestConf 北向接口，并通过 YAND 模型规范接口数据模型。

（2）南向接口。

网络管理平面应提供与被管理网元之间的南向接口功能（即系统架构 D-MPI），通过该接口可对网元实施管理。南向接口应满足如下要求：

- 应包括拓扑管理、配置管理、故障管理、性能管理、安全管理、系统管理、事件上报、性能采集等功能。南向接口采用 NetConf 配置管理协议通道。
- 运维数据上报接口应支持 Telemetry 功能。
- 应支持对网元节点的管理。

按照网络管理平面与网元接口方式的不同，网元可以分为网关网元（Gateway Network Element，GNE）和远端网元（Remote Network Element，RNE），网络管理平面只和 GNE 有物理上的连接关系，RNE 与 GNE 之间存在管理信息通道，RNE 与网管系统之间的通信通过 GNE 进行。

5.5 网络控制平面

网络控制平面分为 SDN 控制器集中控制平面和设备 IGP 分布控制平面。

网络控制平面在网络中的位置见图 5-2。

在网络控制平面中，控制器完成集中控制平面功能，运行在设备侧的 IS-IS 协议完成分布式控制平面功能。一般控制器与设备厂商的 NMS 合设，即控制器的功能由设备厂商实现。一般部署主备两个控制器，但对外只体现为一个 IP 地址。

1. 简介

网络控制平面对传送平面转发行为进行无须人为参与的闭环决策控制，并向上层应用/协同平面提供控制策略北向接口。

通过 SDN 控制器集中控制平面提供面向连接的 SR-TP 隧道实时路径控制能力,包括 SR-TP 隧道部署过程中的路径计算和故障保护过程中的重路由功能。实现集中控制平面需支持网络拓扑状态实时发现、拓扑状态实时反馈、隧道路径实时计算、隧道路径实时调整以及用户算路策略配置功能,SDN 集中控制系统架构如图 5-24 所示。

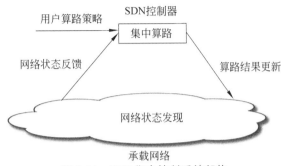

图 5-24 SDN 集中控制系统架构

通过承载网设备 IGP 协议分布控制平面提供面向无连接的 SR-BE 隧道控制能力,包括 SR-BE 隧道自动部署和自动保护功能。

2. 集中控制平面

1)网络拓扑状态发现

网络设备应支持域内路由协议(IS-IS),通过 IS-IS 协议发现网络拓扑以及实时拓扑状态,包括设备上下电、物理端口 Up/Down 状态变化、光纤/链路邻接关系变化等。

网络设备 IS-IS 协议应具备支持 IPv4/IPv6 双栈能力,分别遵循 RFC1195(*Use of OSI IS-IS for routing in TCP/IP and dual environments*)(IPv4)及 RFC5308(*Routing IPv6 with IS-IS*)标准要求。此外,网络应支持同一设备内多 IS-IS 域多实例,并支持 IS-IS 分域部署,以减小网络状态扩散范围并加快网络收敛速度。

2)网络拓扑状态反馈

网络设备和 SDN 控制器支持 BGP-LS 协议,通过 BGP-LS 协议可将 IS-ISv4 域或 IS-ISv6 域内发现的网络拓扑、拓扑状态、SR 标签实时反馈给 SDN 控制器,确保 SDN 控制器基于最新的网络拓扑及拓扑状态进行 SR-TP 隧道路径调整。

3)隧道路径计算

网络设备和 SDN 控制器应支持集中计算 SR-TP 隧道路径功能。

SDN 控制器计算 SR-TP 隧道路径时应基于 BGP-LS 反馈的网络实时拓扑和用户配置隧道算路策略,即新计算出的 SR-TP 隧道路径要确保在 IS-ISv4 域或 IS-ISv6 域内的 IP 路由可达性。

如需部署跨 IS-IS 域的 SR-TP 隧道,SDN 控制器应支持拼接由 BGP-LS 搜集到的多 IS-IS 域拓扑,基于拼接后的整网拓扑计算端到端 SR-TP 隧道路径。

4)隧道路径下发

网络设备和 SDN 控制器应支持 PCEP,通过 PCEP 将集中算路结果实时下发网络设备。PCEP 应支持 IPv4/IPv6 双栈地址族。此外,在网络设备检测到 SR-TP 隧道故障时,可通过 PCEP 向控制器发起实时算路请求。

5）隧道算路策略配置

SDN 控制器应为上层系统（控制器、APP、OSS 或协同器）提供 SR-TP 隧道算路策略配置北向接口，以便用户基于应用场景灵活定制算路算法。SR-TP 隧道算路策略包括：

- 最短路径。
- 带宽约束（CSPF）。
- 必经路径/节点和必不经路径/节点。
- 双向隧道共路。
- 主备隧道不共路。

3. 分布式控制平面

分布式控制平面是指运行在设备侧的 IGP 域。

网络设备应支持 IS-IS for SR 扩展协议，自动生成 SR-BE 隧道和保护功能。

通过扩展 IS-IS 协议，可支持 SR-BE 节点标签在 IGP 域内扩散以及生成 SR-BE 隧道转发路径，可支持 SR-BE 隧道本地保护功能（TI-LFA）。

网络设备应支持大规模组网情况下的分布式控制平面部署能力，支持分层分域部署：

（1）应支持 IS-IS 协议多进程部署。

（2）接入层设备单个 IS-IS 进程应支持不少于 256 个网元，汇聚层以上节点单个 IS-IS 进程应支持不少于 1024 个网元。

（3）接入设备应支持单 IS-IS 进程，核心汇聚设备应支持不少于 10 个 IS-IS 进程。

（4）控制平面 IS-IS 协议应具备链路震荡情况下的协议可靠性和防攻击能力。

承载网应基于网络规模进行 IS-IS 分域部署，应支持将汇聚层及以上设备划分到一个 IGP 进程中，每个接入环独立划分到一个 IS-IS 进程中。

承载网 IS-IS 分域部署方案示例如图 5-25 所示。

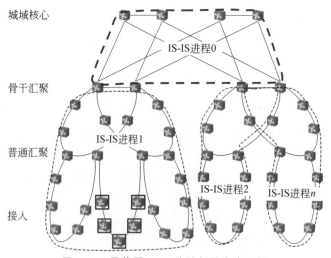

图 5-25　承载网 IS-IS 分域部署方案示例

分层 L3VPN 方案承载 5G 业务时，需将网络规划为一个核心 IS-IS 域和多个接入汇聚 IS-IS 域；如果部署 L2VPN＋L3VPN 方案承载 5G 业务，只需要规划核心 IS-IS 域。以下是划分原则：

（1）核心 IS-IS 域：所有的城域核心、骨干汇聚设备划分为一个 IS-IS 进程。

（2）接入汇聚 IS-IS 域：骨干汇聚对下挂的单个汇聚环及汇聚环下挂的接入环部署一个 IS-IS 进程。如果同一对骨干汇聚下的两个汇聚环之间存在较多跨汇聚环的接入环且难以整改，可将这两个汇聚环划入同一个 IS-IS 进程。

（3）同一链路属于多个 IS-IS 进程时，部署单端口多进程。

（4）不支持接入环跨骨干汇聚组网。

（5）不支持接入环挂接在分属不同的 IS-IS 进程的两个汇聚环下。

（6）一个节点部署一个 Loopback0 地址。若该节点属于多个 IS-IS 进程，将该 Loopback0 地址与核心 IS-IS 进程绑定并引入其他进程。

重点小结

网络 SDN 能力主要指通过控制器实现 IGP 域内或域间 SR-TP 隧道重路由功能。

BGP-LS(BGP Link State)协议汇总 IS-IS 协议收集的拓扑信息并上送控制器。

PCEP 通道是 SR-TP 隧道实时算路请求和响应的协议通道。

NetConf 接口实现了承载网网管系统和设备之间的高效通信，而 YANG 则定义了通信内容。

RestConf 接口实现了承载网网管系统和设备之间的高效通信，而 YANG 则定义了通信内容。

习题与思考

1. 简述网络中控制器的概念及实现机制。

2. 网络的分布式控制平面采用哪种协议实现？

任务拓展

请结合第 4 章简述 IS-IS 协议、控制器、BGP-LS、PCEP、NetConf、RestConf 与 YANG 模型如何协同完成 SPN 网络的管理和控制。

学习成果达成与测评

项目名称		SPN 设备管控技术		学时	2	学分	0.1
职业技能等级	中级	职业能力	了解 SPN 网络管控中使用的各种协议及功能,掌握 IS-IS 分域部署能力			子任务数	3 个
子任务	序号	评价内容		评价标准			分数
	1	控制器的概念		了解控制器的概念及实现过程			
	2	SPN 网络管控用到的各种协议		掌握 BGP-LS、PCEP、NetConf、RestConf 及 YANG 在 SPN 网络管控中的功能及工作机制			
	3	IGP 域规划		掌握 SPN 的 IGP 分域规划能力			
考核评价		项目整体分数(每项评价内容分值为 1 分)					
		指导教师评语					
备注							

学习成果实施报告书

题目：某 SPN 城域网 IGP 规划

班级：　　　　　　　　　姓名：　　　　　　　　　学号：

首先指出以下网络中需要进行结构优化的 3 个接入环，然后对该 SPN 进行 IGP 规划。

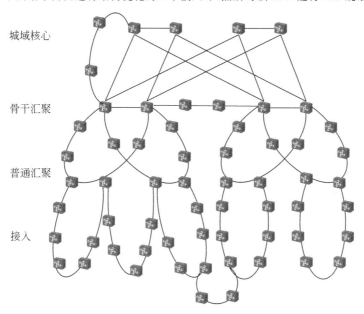

城域核心

骨干汇聚

普通汇聚

接入

考核评价(按 10 分制)	
教师评语：	态度分数：
	工作量分数：

考核评价规则

1. 任务完成及时。
2. 操作规范。
3. 实施报告书绘图工整，描述条理清晰、文字流畅、逻辑性强。
4. 没有完成工作量扣 1 分。抄袭扣 5 分。

第6章 其他技术

知识导读

　　5G 承载网还有两个重要的技术,那就是高精度时间同步技术和 IPv6 技术。

　　由于基本业务需要,5G 普遍采用 TDD 制式,这要求高精度的时间同步。同时,5G 的超密集组网形成多覆盖重叠区,这需要多协同技术以提高小区边缘用户的通信性能。例如,通过 CoMP(Coordinated Multi-Point,协同多点)传输技术进行站间协作,用户同时与多个小区进行信号的收发,这需要站间时间同步以确保信号协调;通过 SFN(Single Frequency Network,单频网)技术减少小区之间交叠区域的同频干扰,将多个工作在相同频段上的射频模块合并成一个小区,提升边缘区域用户的体验,站间 SFN 需要时间同步以确保进行联合调度。CoMP、SFN 等多协同技术需要高精度的时间同步。

　　此外,作为下一代互联网的核心协议,IPv6 针对 IPv4 的不足作了改进,除了提供更大的地址空间以外,还拥有更快的路由机制。IPv6 网络是我国网络演进的最终目标。随着5G 的蓬勃发展,通信网络对 IPv6 的需求日益迫切。

　　本章将详细讲解高精度时间同步技术和 IPv6 技术的概念以及 5G 承载网对这两个关键技术的实现。

学习目标

- 掌握同步的概念。
- 掌握时钟同步的实现方式。
- 了解 IEEE 1588v2 的部署策略。
- 掌握 IPv6 的原理。
- 了解 IPv6 的过渡策略。

能力目标

- 掌握时钟同步和时间同步的区别和应用场景。
- 掌握主从同步网中从时钟的工作模式。
- 掌握 IEEE 1588v2 时钟的传递方式。
- 掌握 IPv6 的表示方法、报文内容等。
- 了解 4 种 IPv6 过渡策略的差异。

6.1 高精度时间同步

6.1.1 同步的概念

　　同步是指两个或两个以上时钟信号之间在频率或相位上保持某种特定关系,即两个或两个以上信号在对应的有效瞬间,其相位差或频率差保持在约定的允许范围以内。

按照方式不同,同步分为频率同步、相位同步、时间同步。

频率同步指不同的信号在相同的时间间隔内有相同的脉冲个数,与脉冲出现的顺序以及每个脉冲开始和结束的时间没有关系。

如图 6-1 所示,在 1s 内信号 1 有①～④共 4 个脉冲,在同样的 1s 内信号 2 有③～⑥共 4 个脉冲,因此信号 1 和信号 2 称为频率同步。

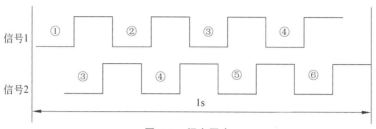

图 6-1 频率同步

相位同步指两个信号具有相同的频率,并且每个脉冲的开始和结束时间也相同,但是和脉冲出现的顺序没有关系。

如图 6-2 所示,在 1s 内信号 1 有①～④共 4 个脉冲,同样的 1s 内信号 2 有③～⑥共 4 个脉冲,且信号 1 和信号 2 每个脉冲的开始和结束时间都相同,因此信号 1 和信号 2 频率同步且相位同步。

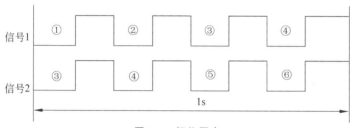

图 6-2 相位同步

时间同步是指两个信号具有相同的频率和相同的相位,并且脉冲出现的顺序也相同。

如图 6-3 所示,在 1s 内信号 1 有①～④共 4 个脉冲,同样的 1s 内信号 2 有①～④共 4 个脉冲,且信号 1 和信号 2 每个脉冲的开始和结束时间相同,脉冲出现的顺序相同,因此信号 1 和信号 2 不仅频率同步、相位同步,而且时间同步。

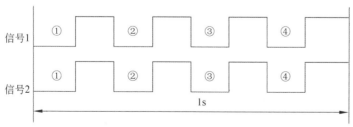

图 6-3 时间同步

通信网络的同步包括时钟同步和时间同步。时钟同步就是频率同步,时间同步就是频率和相位都同步。

通信网络中的时钟同步是将从高精度时钟振荡器传递出来的稳定频率作为网络各网元的信号频率,即全网网元的信号频率都与此高精度时钟振荡器保持同步。

通信网络中的时间同步是将从高精度时钟振荡器传递出来的频率和相位作为网络各网元的信号频率和相位,即全网网元的信号频率和相位都与此高精度时钟振荡器保持同步。

不难看出,时钟同步是时间同步的基础。

1. 时钟等级和精度

ITU-T 定义了 4 种精度的时钟,一般也称为一级时钟、二级时钟、三级时钟和四级时钟。它们的精度要求随着等级的变高而降低,即一级时钟的精度最高。

一级时钟是最高等级的时钟,也称为 PRC(Primary Reference Clock,主参考时钟)。它的精度要求非常高,即在任何情况下频率精度均为 $\pm 1 \times 10^{-11}$,也就是频率误差为千亿分之一。最好的一级时钟是铯原子组成的基准时钟,它利用铯原子内部的电子在两个能级间跃迁时辐射的电磁波作为基准控制时钟的精度。每种元素的原子都有自身特有的振动频率,铯原子的振动频率稳定度非常高,500 万年偏差 1s,非常适合用作基准时钟。

但铯原子时钟的成本较高,只有国家级机构的需求才能匹配如此昂贵和精准的系统。对于通信系统来说,可以使用以 GPS 为代表的 GNSS(Global Navigation Satellite System,全球导航卫星系统)加铷时钟作为一级时钟,称为 LPR(Local Primary Reference,区域基准时钟)。

二级时钟和三级时钟的特点是需要从外部选择一个同步链路获取时钟信号,降低其中的抖动和偏移,然后再向其他设备转发时钟。因此它们称为 SSU(Synchronization Supply Unit,同步支持单元),二级时钟也称为 SSU-A,三级时钟也称为 SSU-B。

不同时钟等级的精度要求二级时钟在一年内的精度需要达到 0.016ppm,三级时钟在一年内的精度要能够达到 4.6ppm。ppm(parts per million)即百万分率。

四级时钟也称为 SEC(SDH Equipment Clock,SDH 设备时钟)。作为最低级别的时钟,它的精度不大于 4.6ppm。

从表 6-1 可以看到,所有无线通信制式的时钟频率精度要求都为 0.05ppm,三级时钟和四级时钟无法满足要求,一般需要达到二级时钟的级别。也就是说,基站需要和一级时钟或者二级时钟同步才能正常工作。

表 6-1　无线通信制式的时钟频率精度要求

无线通信制式	时钟频率精度要求	时钟相位同步要求
GSM	0.05ppm	
WCDMA	0.05ppm	
TD-SCDMA	0.05ppm	$\pm 1.5\mu s$
CDMA2000	0.05ppm	$\pm 3\mu s$
LTE TDD	0.05ppm	$\pm 1.5\mu s$
5G	0.05ppm	$\pm 1.5\mu s$

2. 网络同步的实现方式

网络同步有两种方式：伪同步和主从同步。伪同步是指数字交换网中各数字交换局在时钟上相互独立，毫无关联，而各数字交换局的时钟都具有极高的精度和稳定度，一般用铯原子钟。由于时钟精度高，网内各局的时钟虽不完全相同（频率和相位），但误差很小，接近同步，于是称之为伪同步。主从同步指网内设一个时钟主局，配有高精度时钟，网内各局均受控于该主局（即跟踪主局时钟，以主局时钟为定时基准），并且逐级下控，直到网络中的末端网元（即端局）。

伪同步方式一般用于国际数字网中，也就是一个国家与另一个国家的数字网之间采取这样的同步方式。例如，中国和美国的国际局均各有一个铯时钟，二者采用伪同步方式。

主从同步方式一般用于一个国家内部的数字网，它的特点是一个国家只有一个主局时钟，网上其他网元均以此主局时钟为基准进行本网元的定时，这个全国的基准时钟称为PRC。PRC 一般由铯原子钟组或铯原子钟与 GPS（或其他卫星定位系统）构成，它产生的定时基准信号通过同步网络传递到国内各地区。

伪同步和主从同步的原理如图 6-4 所示。

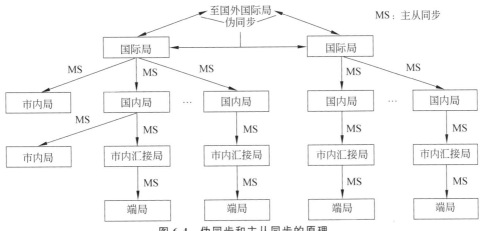

图 6-4 伪同步和主从同步的原理

为了增强主从定时系统的可靠性，可在网内设一个副时钟，采用等级主从控制方式。两个时钟均采用铯时钟，正常工作时由主时钟起网络定时基准作用，副时钟也以主时钟的时钟为基准。当主时钟发生故障时，改由副时钟给网络提供定时基准；当主时钟恢复后，再切换回主时钟，由它提供网络定时基准。

我国采用的同步方式是等级主从同步方式。在采用主从同步时，上一级网元的定时信号通过一定的路由（同步链路或附在线路信号上）传输到下一级网元。该级网元提取此时钟信号，通过本身的锁相振荡器跟踪、锁定此时钟，并产生以此时钟为基准的本网元所用的本地时钟信号，同时通过同步链路或通过传输线路（即将时钟信息附在线路信号中传输）向再下级网元传输，供其跟踪、锁定。若本网元收不到从上一级网元传来的基准时钟，那么本网元通过本身的内置锁相振荡器提供本网元使用的本地时钟并向下一级网元传送时钟信号。

数字网的同步方式除伪同步和主从同步外，还有相互同步、外基准注入同步、异步同步（即低精度的准同步）等。下面简要介绍外基准注入同步方式。

外基准注入同步方式起备份网络上重要节点的时钟的作用，以避免网络重要节点主时钟基准丢失,而本身内置时钟的质量又不够高,导致大范围影响网元正常工作的情况。外基准注入同步方式利用 GPS,在网元重要节点局安装 GPS 接收机,提供高精度定时,形成区域基准时钟,该地区其他的下级网元在主时钟基准丢失后仍采用主从同步方式跟踪这个 GPS 提供的基准时钟。

3. 主从同步网中从时钟的工作模式

在主从同步的数字网络中,从站(下级站)的时钟通常有 3 种工作模式。

(1)正常工作模式,即跟踪锁定上级时钟模式。此时从站跟踪锁定的时钟基准是从上一级站传来的,可能是网络中的主时钟,也可能是上一级网元内置时钟源下发的时钟,还可能是本地区的 GPS 时钟。与从时钟工作的其他两种模式相比较,这种从时钟的工作模式精度最高。

(2)保持模式。当所有定时基准丢失后,从时钟进入保持模式,此时从站时钟源利用定时基准信号丢失前所存储的最后的频率信息作为其定时基准而工作。也就是说从时钟有记忆功能,通过记忆功能提供与原定时基准接近的定时信号,以保证从时钟频率在长时间内与基准时钟频率只有很小的偏差。但是由于振荡器的固有振荡频率会慢慢地漂移,故这种工作模式提供的较高精度时钟不能持续很久。这种工作模式的时钟精度仅次于正常工作模式的时钟精度。

(3)自由运行模式,也称自由振荡模式。当从时钟丢失所有外部基准定时,也失去了定时基准记忆或处于保持模式太久,从时钟内部振荡器就会工作于自由运行模式。

这种模式的时钟精度最低,实属万不得已而为之。

下面以 SPN 为例介绍 5G 承载网时钟同步和时间同步的实现方式。各种承载网技术传递的同步信号一般与传递的业务分离,所以各承载技术的同步系统实现方式相似。

6.1.2 时钟同步的实现

SPN 时钟同步采用同步以太网方式实现。

1. 同步以太网

同步以太网(Synchronization Ethernet,SyncE)是一种使用以太网链路码流恢复时钟的技术。在以太网源端使用高精度的时钟发送数据,在接收端恢复并提取这个时钟,以保持高精度的时钟性能。

SPN 的 FlexE 传递时钟机制是从以太网物理链路恢复时钟,时钟质量不受链路业务流量影响,完全满足 ITU-T G.8262.1 规定的增强型接口指标。同步以太网部署时要求 SPN 设备的网络时钟和业务时钟同源。同步以太网技术原理如图 6-5 所示。

系统需要支持一个时钟模块,即时钟板,统一输出一个高精度系统时钟给所有的以太网接口卡。以太网接口卡上的 PHY(物理层)器件利用这个高精度时钟将数据发送出去。在接收侧,以太网接口卡上的 PHY 器件将时钟恢复出来,分频后上送时钟板。时钟板要判断各个接口上报时钟的质量,选择一个精度最高的时钟,将系统时钟与其同步。

为了正确选源,在传递时钟信息的同时,必须传递 SSM(Synchronization Status Message,同步状态消息)。以太网通过构造专用的 SSM 报文的方式通告下游设备时钟质量。

配置 FlexE 接口时钟传递时,以 FlexE Group 或单独 FlexE 端口建立线路时钟端口。

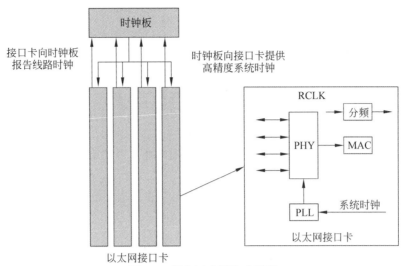

图 6-5　同步以太网技术原理

FlexE 组（group）具有多个物理 PHY，其中第一个物理 PHY 时钟为组链路时钟。当检测到用于传输同步信息的第一个物理 PHY 链路失效时，时钟根据原 FlexE 组链路编号顺序依次倒换至其他 PHY 链路进行传输。

同步以太网的优势是时钟同步质量较好，可以达到 0.01ppm，并且技术成熟，在 PTN 等网络中已有广泛应用，可靠性较高。同步以太网的劣势在于不支持时间同步。

2．网络时钟同步的实现

网络时钟同步可通过人工规划网络或智能时钟网两种方式实现。

1）人工规划网络时钟同步

人工规划网络方案使用设备的扩展 SSM 算法建立时钟网络，实现最短路径网络规划。

在 SPN 接入两个外时钟源的情况下，优先启用扩展 SSM 算法，接入外时钟源的两个节点启用 ID 保护，避免误配置导致时钟成环，如图 6-6 所示。

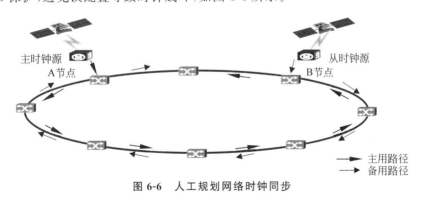

图 6-6　人工规划网络时钟同步

如果 SPN 只接入一个外时钟源，接入外时钟源的节点只配置抽取外时钟源，不配置其他时钟源抽取方向。这样就从配置角度规避了时钟成环的风险，此时启用标准 SSM 算法即可。

在图 6-6 中，A 节点自振质量等级设置应该比两个外时钟源质量等级略低，B 节点自振质量等级设置应该比 A 节点自振质量等级更低。不接入外时钟源的节点自振质量等级设置为 G.813 设备时钟即可。

针对 FlexE 组端口组网场景,选择的时钟端口是 FlexE 组成员端口。

2)智能时钟网时钟同步

智能时钟网可以根据网络物理拓扑和网元时钟同步属性自动计算和规划所有网元或指定区域内网元的主备时钟同步拓扑。智能时钟网规划完成后可以进行手动调整,以避免出现时钟成环的情况。

智能时钟网规划不支持扩展 SSM 算法,其基础标准有两种策略:环网优先策略和最短跳数优先策略。

环网优先策略优先基于拓扑中环型网络结构进行主备时钟规划。根据环网上时钟源注入个数,分为环网单注入和环网双注入两种场景,如图 6-7 所示。

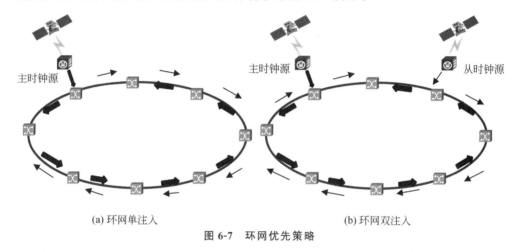

(a) 环网单注入　　　　　　　　　　　　　　　(b) 环网双注入

图 6-7　环网优先策略

当环网有一个时钟源注入时,从时钟源注入节点出发,将环网的一个链路方向(如图 6-7 中的逆时针方向)作为环上设备的主用时钟源方向,将环网的另一个链路方向(如图 6-7 中的顺时针方向)作为环上设备的备用时钟源方向。对于环网时钟源注入节点,不在该环上配置主备用源,只提取时钟输出。

当环网有两个及两个以上时钟源注入时,选择其中一个时钟源为主用时钟源,另一个时钟源为备用时钟源。从该环网的主用时钟源注入节点开始,将环网的一个链路方向(如图 6-7 中的逆时针方向)作为环上设备的主用时钟源方向;从该环网的备用时钟源注入节点开始,将环网的另一个链路方向(如图 6-7 中的顺时针方向)作为环上设备的备用时钟源方向。对于环网主用时钟源注入节点不在该环上配置主用时钟源,只配置备用时钟源。对于环网备用时钟源注入节点不在该环网上配置备用时钟源,只配置主用时钟源。

最短跳数优先策略以距离时钟源跳数最短的路径作为主用路径进行时钟规划,其他路径为备用路径。当网络具有多个时钟源时,所有时钟源在规划时具有同等地位,不区分主用和备用,如图 6-8 所示。

采用最短跳数优先策略规划时需避免出现时钟成环的情况。对于链式网络结构,设备均只规划主用时钟源方向,无备用时钟源方向。基于主备用时钟同步链路选择网元的主备用时钟源端口时,如果两个网元之间存在多对物理端口连接,仅选择其中一个端口作为网元

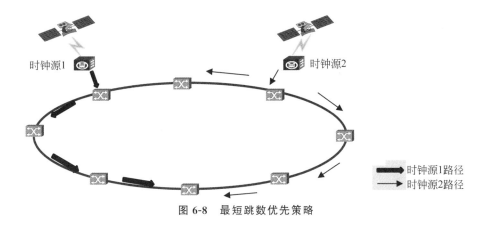

图 6-8　最短跳数优先策略

时钟源,并支持设置选择时钟端口的优先条件。选择主用端口时,优先条件依次为光口优于电口、高速率端口优于低速率端口;选择备用端口时,优先条件依次为与主用端口位于不同单板、光口优于电口、高速率端口优于低速率端口。

　　智能时钟网在网络拓扑变化时可自动根据变化后的拓扑对发生变化的网络区域重新进行时钟同步规划及配置,网络其他区域的已有时钟同步配置不受影响。重新进行时钟同步规划时,区域划定原则如下:

- 发生变化的节点或者链路处于链式结构中时,将发生变化的节点或者链路及其相邻节点划定为需要重新进行时钟同步规划的区域。
- 发生变化的节点或者链路处于环形结构中时,将发生变化的节点或者链路所在的环形网络划定为需要重新进行时钟同步规划的区域。

6.1.3　时间同步的实现

　　SPN 通过 IEEE 1588v2 协议标准实现上下游节点的时间同步,满足此协议标准的设备能达到微秒级的时间同步精度要求,并且满足 3G、4G、5G 等网络基站对于时钟和时间的同步要求。

1. 时间同步机制

　　IEEE 1588 标准就是网络化测量和控制系统的精确时钟同步协议,通常称为精准时间协议(Precision Time Protocol,PTP)。IEEE 标准委员会于 2002 年审核通过 IEEE 1588 标准,该标准经历了 v1 和 v2 两个版本,目前使用的是 v2 版本。

　　IEEE 1588v2 的基本功能是使分布式网络内的最精确时间与其他时间保持同步,它定义了 PTP,用于对标准以太网或其他采用多播技术的分布式总线系统中的传感器、执行器以及其他终端设备中的时钟进行亚微秒级同步。

　　根据不同的应用场景,IEEE 1588 支持 BC(Boundary Clock,边界时钟)、OC(Ordinary Clock,普通时钟)、TC(Transparent Clock,透传时钟,又可分为 E2E TC 和 P2P TC 两种)、管理节点几种实体类型的工作模式。其中在 BC 和 OC 模式下,IEEE 1588 端口有 Master(主)、Slave(从)和 Passive(被动)3 种状态。IEEE 1588 端口作为时钟的输出状态为 Master,作为时钟的输入状态为 Slave。为防止时钟成环,IEEE 1588 将可接收到由本站点发送的时钟信息的接收端口置为 Passive 状态,Passive 状态的端口不进行 IEEE 1588 时钟处理。

其中,OC 仅仅用作整个网络的时间源和时钟终端。如果作为时间源输出,其端口状态为 Master;如果作为时钟终端,其端口状态为 Slave。

BC 相当于时间的中继器,是 OC 的上述两种类型的混合体,既可以恢复时间和频率,又可以作为时间源往下游传递时间。

TC 用作时间的透传,自身不恢复时间和频率,仅作 IEEE 1588 相关报文的处理。

时间同步就是一个计算时延(delay)和时间偏移(offset)并根据结果进行调整的过程。

PTP 通过 4 种报文完成时间对齐和时延补偿:

(1) SYNC。同步报文,Master→Slave。

(2) FOLLOW_UP。跟随报文,Master→Slave。

(3) DELAY_REQ。时延请求报文,Slave→Master。

(4) DELAY_RESP。时延响应报文,Master→Slave。

时间同步过程如图 6-9 所示。

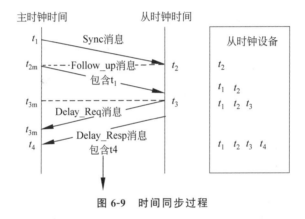

图 6-9 时间同步过程

时间同步的具体实现过程如下:

(1) Master 端的 PTP 应用层发起 Sync 消息给 Slave 端,Master 端记录 Sync 消息离开本 PTP 端口的时刻 t_1,并把 t_1 存入寄存器,这个值由 64 位计数器值表示,计数器触发时钟由 Master 端系统时钟提供。

Slave 端记录 Sync 消息到达时刻 t_2,并把 t_2 存入寄存器,同时报告给 Slave 端的 PTP 应用层,这个值由 64 位计数器值表示,计数器触发时钟由 Slave 端系统时钟提供。

(2) Master 端的 PTP 应用层发起 Follow_Up 消息给 Slave 端,Follow_Up 消息主要包含前一个 Sync 消息离开 Master 端时的真正发送时刻 t_1,Slave 端收到 Follow_Up 消息之后记下 t_1,此时 Slave 端知道 Sync 消息的真正发送时刻 t_1 和接收时刻 t_2,假设 $t_2-t_1=A$,则 A 实际上是 Master 端和 Slave 端之间的时间偏移加上 Master 端和 Slave 端之间的链路时延 MS_Delay,即 $A=$ Offset$+$MS_Delay。

(3) Slave 端的 PTP 应用层发起 Delay_Req 消息给 Master 端,Slave 端记录 Delay_Req 离开 Slave 端的时刻 t_3,并把 t_3 存入寄存器。

(4) Master 端记录 Delay_Req 消息到达时刻 t_4,并把 t_4 存入寄存器,然后 Master 端的 PTP 应用层发送 Delay_Resp 给 Slave 端,此时 Slave 端知道 Delay_Req 消息的真正发送时

刻 t_3 和接收时刻 t_4，假设 $t_4-t_3=B$，则 B 实际上是 Master 端和 Slave 端之间的链路时延减去 Slave 端和 Master 端之间的时间偏移 Offset，即 $B=$ MS_Delay$-$Offset。

经过上述时间戳消息应答过程之后，假设主从之间链路时延 MS_Delay 等于从主之间链路时延 SM_Delay，则在 Slave 端可以得出

$$\text{Offset}=\frac{A-B}{2}=\frac{(t_2-t_1)+(t_4-t_3)}{2}$$

$$\text{MS\_Delay}=\text{SM\_Delay}=\frac{A+B}{2}=\frac{(t_2-t_1)+(t_4-t_3)}{2}=\frac{(t_2-t_3)+(t_4-t_1)}{2}$$

每次经过上述时间戳消息应答过程之后，Slave 端都根据 Offset 修正本地时间值，修正过程如图 6-10 所示。

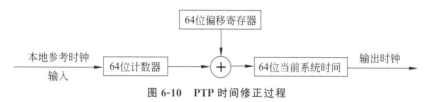

图 6-10　PTP 时间修正过程

2. 消息分类

PTP 定义了两种消息：事件消息和通用消息。

事件消息需要在发送和接收的时候打上精确的时间戳，而通用消息不需要。

事件消息包括 Sync、Delay_Req、Pdelay_Req、Pdelay_Resp。

通用消息包括 Announce、Follow_Up、Delay_Resp、Pdelay_Resp_Follow_Up、Management、Signaling。

其中，Sync、Delay_Req、Follow_Up、Delay_Resp 消息用来产生和交互时间信息，这些时间信息用来同步时间；Pdelay_Req、Pdelay_Resp、Pdelay_Resp_Follow_Up 消息用来测量链路时延；Announce 消息用来建立同步层次；Management 消息用来查询和设置 PTP 的时钟数据；Signaling 消息用来在 PTP 时钟之间进行交互（如协商消息的周期等）。

所有消息均使用 TLV 格式以利于扩展。

3. 端口的状态

普通时钟和边界时钟的每个端口正常工作时可以处于以下 3 个状态之一：

- Master：表明本端口是一条时钟路径的源。
- Slave：表明本端口同步于一个 Master 时钟。
- Passive：表明本端口既不是 Master 也不是 Slave。该状态主要用于防止时钟成环。处于该状态的端口除了 Pdelay_Req、Pdelay_Resp、Pdelay_Resp_Follow_Up 消息和信令以及必须响应的管理消息外不发送任何 PTP 消息。

端口状态还包括以下几个：

- 初始化(Initializing)：表示端口正在初始化数据、硬件或通信口。一个时钟如果有一个端口处于初始化状态，其他所有端口都应处于初始化状态。端口在初始化状态不发送和接收任何 PTP 消息。
- 故障(Faulty)：表示端口有故障。处于故障状态的端口除了必须响应的管理消息，不发送和接收任何 PTP 消息。故障端口的动作不应影响其他端口。如果故障不能

限制在故障端口内,则该时钟的所有端口应均为故障状态。

- 不可用(Disabled):表示端口不可使用(例如网管禁止)。处于不可用状态的端口不能发送任何 PTP 消息,除了必须响应的管理消息以外也不能接收任何 PTP 消息。不可用端口的动作不应影响其他端口。
- 侦听(Listening):表示端口正在等待接收 Announce 消息。该状态用于将时钟加入到时钟域时。处于侦听状态的端口除了 Pdelay_Req、Pdelay_Resp、Pdelay_Resp_Follow_Up 消息、必须响应的管理消息和信令外不发送其他 PTP 消息。
- 预主用(Pre_Master):处于该状态的端口的行为和 Master 端口一样,但是它除了 Pdelay_Req、Pdelay_Resp、Pdelay_Resp_Follow_Up 消息、管理消息和信令外不发送其他 PTP 消息。
- 未校准(Uncalibrated):表明域内发现一个和多个 Master 端口,本地时钟已经从中选择一个并准备跟踪。该状态是一个过渡状态,用于进行跟踪前的预处理。

4. PTP 实体类型

1) 普通时钟

普通时钟(OC)只有一个 PTP 物理通信端口和网络相连。一个物理通信端口包括两个逻辑接口:事件接口(event interface)和通用接口(general interface)。事件接口接收和发送需要打时间戳的事件消息。通用接口接收和发送其他消息。一个普通时钟只有一个 PTP 处理器。在网络中,普通时钟可以作为祖父主时钟(grandmaster clock)或从时钟(slave clock)。当作为祖父主时钟时,其 PTP 端口处于主状态(Master);当作为从时钟时,其 PTP 端口处于从状态(Slave)。

特点:单端口,可以作为祖父主时钟或者从时钟。

2) 边界时钟

边界时钟(BC)有多个 PTP 物理通信端口和网络相连。每个物理通信端口包括两个逻辑接口:事件接口和通用接口。边界时钟的每个 PTP 端口和普通时钟的 PTP 端口一样,除了以下几点:

(1) 边界时钟的所有端口共同使用一套时钟数据。

(2) 边界时钟的所有端口共同使用一个本地时钟。

(3) 每个端口的协议引擎增加了一个功能:从所有端口中选择一个端口作为本地时钟的同步输入。

特点:多端口;具有主从属性;可将同步域划分为子域,扩展从时钟的数量;形成树状同步路径;减轻祖父主时钟对同步消息的处理负荷。

3) E2E 透传时钟

E2E 透传时钟(End-to-End TC)像路由器或交换机一样转发所有的 PTP 消息,但对于事件消息,有一个停留时间桥计算该消息报文在本点停留的时间(消息报文穿过本点所花的时间),停留时间将累加到消息报文中的修正(correction)字段中。

用于计算停留时间的时间戳是由本地时钟产生的,所以本地时钟和时间源的时钟之间的频率差会造成误差。最好是本地时钟锁定时钟源时钟。如果本地时钟锁定的不是时间源时钟,则要求其精度能到达一定标准。以本地时钟是三级钟为例,1ms 的停留时间大约造成 5ns 的误差。

E2E 透传时钟可以和普通时钟合在一起作为一个网络单元。

如果普通时钟是从时钟,停留时间桥将接收到的时间消息、宣称消息、由输入的时钟同步消息产生的时间戳以及内部的停留时间传送给协议引擎,协议引擎根据这些信息计算出正确的时间并以此控制本地时钟。如果普通时钟是主时钟,协议引擎将产生 Sync 和 Follow_Up 消息,消息中的发送时间戳由本地时钟基于内部停留时间和输出时间戳产生。在实现中,透传时钟和普通时钟使用同一个本地时钟。

4) P2P 透传时钟

P2P 透传时钟(Peer-to-Peer TC)和 E2E 透传时钟只是对 PTP 时间消息的修正和处理方法不同,在其他方面是完全一样的。P2P 透传时钟可以和 E2E 透传时钟一样与普通时钟合在一起作为一个网络单元。

P2P 透传时钟对每个端口都有一个模块,用来测量该端口和对端端口的链路时延,对端端口也必须支持 P2P 模式。链路时延通过交换 Pdelay_Req、Pdelay_Resp 以及可能的 Pdelay_Resp_Follow_Up 消息测量。P2P 透传时钟仅仅修正和转发 Sync 和 Follow_Up 消息。本地的停留时间和收到消息的端口的链路时延均累加到修正字段中。

因为 P2P 透传时钟的修正包括了链路时延和停留时间,其修正字段反映了整个路径的时延,从该时钟转发的 Sync 消息可以计算出正确的时间,所以不需要再发 Delay 测量消息。再发生时钟路径倒换的时候,P2P 透传时钟基本不受影响,而 E2E 透传时钟则需要在进行过新的时延测量之后才能计算出正确的时间。

5. BMC 算法

最佳主时钟(Best Master Clock,BMC)算法是 IEEE 1588 协议的重要部分。IEEE 1588 虽然是适用于局域网的协议,但它没有限制网络的结构、范围、设备数目和选用等。对于任意结构的网络,怎样确定祖父主时钟和主时钟,时间基准怎样逐级传递到各节点以取得尽可能好的时钟精度,就是 BMC 算法要达到的目标。IEEE 1588 的 BMC 算法是动态运行的,即在时钟同步系统运行中根据实时数据不断计算,动态调整各节点和端口的状态,也会调整时间的传递路线。所以,在当前主时钟出现故障或性能下降时,系统可能会选择其他更合适的节点替代它作为主时钟。由于这部分内容相对复杂,这里只介绍相关的基础概念。

BMC 算法由两部分组成:

(1) 数据组比较算法。比较两组数据的优劣,可能其中一组数据代表本地时钟的默认特性,另一组数据代表从某端口接收的同步报文所包含的信息。这个比较算法要对各种数据组进行比较,以决定哪个时钟更好。

(2) 状态决定算法。根据数据组比较结果计算每个端口的推荐状态(主、从、被动、未校准、侦听、不可用、初始化、故障),决定端口应该处于哪个状态。

BMC 算法是在每个时钟的每个端口本地运行的,它规定数据比较的顺序和判据,使用的数据包括时钟级别、时钟标识符、时钟变量,另外还有路径长度、是否边界时钟等条件。通过比较可得到每个时钟的每个端口当时应处于的状态。

例如,对一个典型的具有 N 个端口的时钟 C0 的 BMC 算法执行过程如下:

(1) 对每一个端口 $r(r=1,2,\cdots,N)$,比较从连接到这个端口通信路径上的其他时钟的端口接收的合格的 Sync 消息报文的数据组,通过数据组比较算法决定这个端口的最佳报文 E_{best_r}。

（2）比较 C0 的 N 个端口的 Ebest,，决定时钟 C0 的最佳报文 Ebest。

（3）对 C0 的 N 个端口的每一个，根据 Ebest、Ebest, 和默认数据组 D0，利用状态决定算法和应用端口的状态机决定端口的状态。

对于 PTP 子域中每一个时钟的每一个端口都运行 BMC 算法，这个运行是连续不断的，因此能适应时钟和端口的变化。并且 IEEE 1588 的 BMC 算法是分散在每一个时钟的每一个端口上的，是独立运行的，因此更容易实现。

下面是 BMC 算法使用的时钟数据。

（1）时钟级别（clock stratum）。代表时钟的质量。每个时钟都应标明级别，在 BMC 算法中将它作为时钟质量的标志参与计算。时钟级别如表 6-2 所示。

表 6-2　时钟级别

级别	技 术 规 范
0	出于特定目的暂时指定一个时钟，认为它比系统内所有其他时钟都好
1	可跟踪的原始时钟源，可以是边界时钟或者普通时钟。GPS 时钟、校正的原子时钟等都划入这一级别。1 级时钟不应使用 PTP 被同步到系统内的其他时钟
2	参考时钟。直接（不通过 PTP）同步到 1 级时钟或被认为是这个 PTP 子域的准确时间源的时钟；先前直接同步到 1 级时钟或被认为是这个 PTP 子域的准确时间源，并且仍然提供符合精度要求的时间信息的时钟
3	不是 1 级 2 级时钟，但能发送外部定时信号并将 PTP_EXT_SYNC 标志设置为 TRUE 的最低级别的时钟
4	不是 1 级 2 级时钟，不能发送外部定时信号，因此只能将 PTP_EXT_SYNC 标志设置为 FALSE 的最低级别的时钟
5～254	保留
255	默认值。此级别的时钟永远不能成为最佳主时钟

（2）时钟标识符（clock identifier）。指示时钟内在的和可期待的绝对精度及起始时间。时钟标识符值也是表示时钟性能的参数，也是在 BMC 算法中要参与运算的参数。

（3）时钟变量（clock variance）。在 IEEE 1588 协议中时钟变量是不断实时测量和计算的值，用于表征时钟当时的品质。这个值是通过阿伦方差（Allan variance）计算公式得到的。阿伦方差计算公式原用于振荡器频率的统计误差计算，这里用于计算时间的统计误差。

6. 网络划分

为了加快故障定位，约束故障设计范围，可对网络进行划分。

网络时钟同步的智能时钟网方式支持对网络进行层次划分，根据节点所处的网络层次，将时间网分为核心汇聚层、普通汇聚层、接入层时间环。不同层间单向传递时间，传递的方向为核心汇聚层→普通汇聚层→接入层时间环，处于较低层次的环路不能向高级环路传递时间，以实现接入环间故障隔离，接入环内故障或倒换影响范围限制在本地，不影响相邻接入环，也不影响普通汇聚环和核心汇聚环。

7. 时间同步组网

根据组网的方式不同，时间同步网分为集中式和分布式两种。

集中式时间同步网的拓扑如图 6-11 所示。

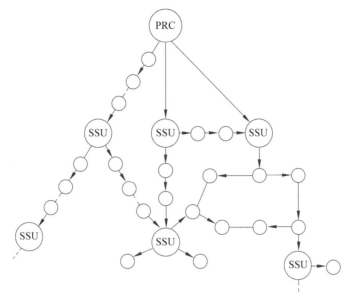

图 6-11　集中式时间同步网的拓扑

　　集中式时间同步网的主时钟(PRC)为最高节点,通过一个金字塔形的传输网络一层层地把时钟传递下来。SSU 为二级时钟,可认为是无线通信中的基站。在这种模式下,同步以太网只能实现频率同步。IEEE 1588v2 除了可以实现频率同步之外,还能支持更高精度的相位同步。

　　分布式时间同步网的代表为美国的 GPS、中国的北斗、俄罗斯的 GLONASS 以及欧洲的伽利略等卫星导航系统。

　　以 GPS 为例,分布式时间同步网的拓扑如图 6-12 所示。作为一级时钟的 GPS 并不直

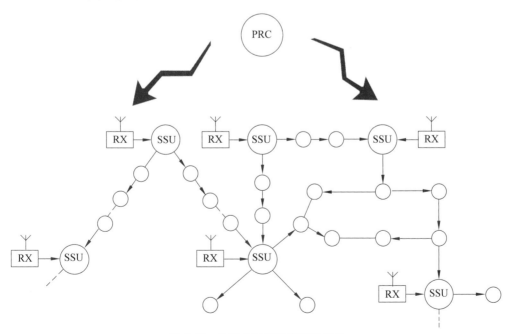

图 6-12　分布式时间同步网的拓扑

接和下级 SSU 物理相连,而是通过卫星无线接口广播主时钟信息,所有的 SSU 都通过 GPS 接收机(在图 6-12 中用 RX 表示)直接和主时钟同步。同时,SSU 也能提供同步信息给其他站点作为备用时钟。

分布式时间同步网需要为每个基站安装 GPS 接收机,成本高昂且受接收卫星信号的限制。分布式时间同步网在 3G、4G 及等无线通信系统中是主要的同步组网方式;但 5G 基站密度剧增,覆盖场景更加复杂,分布式组网劣势明显。5G 的同步组网方式推荐采用集中式。

在集中式同步方式中,核心汇聚层部署满足时间跟踪等级的时间源,如采用铷钟进行保持。标准时间源部署在核心汇聚层,时间传递路径为核心汇聚层→普通汇聚层→接入层。当网元采用标准 BMC 算法时,全网时间溯源到唯一时间源。如果主从时间源优先级相同,节点溯源到 GM 号最优时间源;如果主从时间源优先级不同,节点溯源到优先级最高的时间源。

但是,在部分站点,由于同步信息传输路径较长、中间站点数量较多等原因,时钟精度可能存在累积误差,难以满足通信要求。为达到精度要求,这些站点也可按分布式组网方式部署,独立安装全球卫星导航系统接收模块进行卫星授时,并可以向下游传递。

8. 监控方法

时间同步的监控方法用于非对称性分析和故障定位。有以下 3 种监控方法。

(1) 利用与基站相连的端口作为监控端口。

网络中已经开通 GPS 的基站,传输网和基站协作,将传输设备与基站相连的端口作为监控端口,通过监控端口监控传输网时间性能。当基站的 GPS 处于稳定状态时,自动测量 GPS 时间与 IEEE 1588 时间的静态偏差,并将测量结果放在 Signaling 报文中,回传给传输设备。

现网中大量基站已经部署了 GPS,基站上实现 GPS 时间和 IEEE 1588 时间之间的波对测量,可以实现现网设备在线自动检测 IEEE 1588 时间参考源的非对称性误差,将测量结果传回传输网后,传输网将通过大数据分析实现自动非对称补偿,从而实现免下站开通 1588,提升开局效率。

基站 GPS 时间精度为 100ns 级别,工作在 $1.5\mu s$ 内的普通业务都是正常状态。而 SPN 经验值估计在 100ns 内,考虑到基站受天线部署等不确定因素影响较大,需要根据时间链路节点的先后关系判断基站测量的可信度。

接入环的传输设备和基站在未开通上市功能时,可以通过基站直接查询上述偏差,辅助建网或查询故障。

(2) 利用 GE/10GE 或 1PPS+ToD 端口作为监控端口。

可使用 SPN 设备的 GE/10GE 或 1PPS+ToD 端口接入监控时间源,通过该端口监控传输时间或时钟传递性能。

40km 以上长距离传输由于相关技术、长距光纤部署等原因容易引入非对称性,建议在长距离连接到接入环的汇聚点上引入监控功能,监控精度为 ±30ns,提供辅助修正。

(3) 配置预激活环网监控功能。

配置预激活环网监控功能,在被动端口检测相邻端口的时间传递性能。

6.1.4 IEEE 1588v2 高精度时间同步系统部署策略

本节以国内某主流移动运营商为例,讲解 IEEE 1588v2 部署策略。其将 IEEE 1588v2

高精度时间同步系统用于为 TD-LTE 基站和 5G 基站提供高精度时间同步信号。该系统实现了时间同步信号传递中的时间源(北斗)、时间服务器、PTN/OTN/SPN 地面传输链路等关键技术的国产化,并为 TD-LTE 基站和 5G 基站等提供第二路时间源,避免了基站仅依赖 GPS 传递时间同步信号的问题,提升了网络安全性,图 6-13 为 IEEE 1588v2 高精度时间同步系统部署示意图。

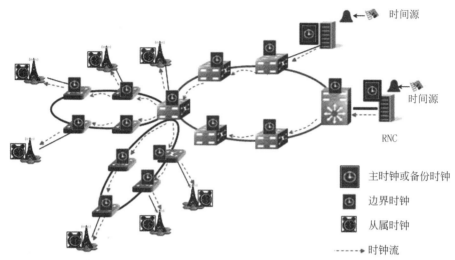

图 6-13　IEEE 1588v2 高精度时间同步系统部署示意图

1. IEEE 1588v2 系统定位及目标

IEEE 1588v2 系统以城域传输网为单位部署,在每个城域传输网中选择两个独立局址设置高精度主备时间服务器,配置北斗/GPS 双模接收,原则上以北斗信号作为主用;通过支持 IEEE 1588v2 的传输网设备向基站侧传输高精度时间同步信号,基站通过 IEEE 1588v2 以太网接口或 1PPS+TOD 接口从传输网获取高精度时间同步信号。

正常情况下,城域传输网内所有设备同步于主用时间服务器提供的时间源;当主用时间服务器或与其相连的传输网设备故障时,城域传输网内所有设备同步于备用时间服务器提供的时间源。

当卫星授时系统长期失效时,每个城域传输网内的高精度时间服务器可以为城域传输网内所有 TD-LTE 基站、5G 基站等提供时间源,从而保证城域传输网内所有基站保持相对时间同步状态。

为满足该系统的全网正常开通运行,需要城域传输网内用于 TD-LTE 基站和 5G 基站等回传的 PTN/OTN/SPN 传输设备均支持并开启 IEEE 1588v2 功能。

从国家战略意义上看,为了减少对国外技术的依赖,支持并推动国内高新技术发展,中远期目标是根据地面链路 IEEE 1588v2 的运行情况将现有基站由与 GPS 同步逐步割接至以地面链路 1588v2 时间源为主用时间服务器。

2. 组网方案

为满足 TD-LTE 基站和 5G 基站对高精度时间同步信号的需求,前述国内运营商制订了时间注入方案、时间传递方案、时间对接方案以及频率配置方案等。

1）时间注入方案

每个城域传输网设置两套高精度时间服务器作为主用和备用时间参考源,传输网同时接入主用和备用时间服务器。传输设备根据时间服务器和注入传输设备的优先级参数设置自动选择时间源。在正常情况下,全网均跟踪主用时间服务器;当主用时间服务器或与其相连的传输设备出现故障时,传输网利用设备自身支持的时间选源算法自动切换至备用时间服务器。

时间服务器配置北斗/GPS 双模接收。原则上以北斗信号作为主用;当北斗出现信号干扰等不稳定因素时,以 GPS 信号为主用。

在时间服务器所在局选择时间服务器注入的传输设备时,应保证城域传输网内任一个 TTD-LTE 基站、5G 基站设备都可以经由传输网获取主用和备用时间服务器的信号。对于同一个传输环,同一机房仅选择一套传输设备接入时间服务器,并优先选择用于组建多个传输环网或为多个系统提供业务终端的传输设备接入时间服务器。

支持 IEEE 1588v2 时间同步功能的 PTN/OTN/SPN 设备均可作为注入传输设备,每台注入传输设备和时间服务器之间均采用主备连接方式,即同时采用一个 1PPS＋TOD 接口和一个 IEEE 1588v2 以太网接口(FE 电口或者 GE/10GE 光口)连接,其中,1PPS＋TOD 接口作为主用,IEEE 1588v2 以太网接口作为备用。为达到主用和备用接口之间以及主用和备用时间服务器之间的自动倒换,时间服务器和注入传输设备通过网管系统进行优先级参数设置,以华为 SPN 设备为例,其配置方案如下(其中配置参数由厂商指定对应关系,配置时根据情况使用):

(1)主用时间服务器注入。对于从主用时间服务器注入传输设备的 1PPS＋ToD 接口,优先级 2(Priority 2)参数应由注入传输设备配置为 31;对于从主用时间服务器注入传输设备的 IEEE 1588v2 以太网接口,优先级 2 参数应由主用时间服务器配置为 32。

(2)备用时间服务器注入。对于从备用时间服务器注入传输设备的 1PPS＋ToD 接口,优先级 2 参数应由注入传输设备配置为 63;对于从备用时间服务器注入传输设备的 IEEE 1588v2 以太网接口,优先级 2 参数应由备用时间服务器配置为 64。

(3)整网设备的优先级 1(Priority 1)参数统一为 128。

2）时间传递方案

除时间服务器注入的传输设备外,其他传输设备均通过传输链路获取 IEEE 1588v2 时间同步信号,锁定源自时间服务器的时间参考源。

城域传输网内用于基站回传的所有传输设备均需逐跳支持和开启 IEEE 1588v2 功能,并采用边界时钟(BC)模式,不允许对 IEEE 1588v2 信号进行透传。OTN 设备通过光监控通道(OSC)传输 IEEE 1588v2 时间同步信息,或者通过线路侧开销字节(overhead byte)传输 IEEE 1588v2 时间同步信息。

传输设备需支持完善的时间选源算法(BMC 算法),基于时间选源算法自动选择最优的时间跟踪路径,不需要手工配置时间跟踪路径。在业务具有多条保护路径时,传输设备必须开启多个业务端口的 IEEE 1588v2 功能,使得设备可以基于时间选源算法获得多条时间同步保护路径。尤其对于环形网络,需开启环网双方向端口的 IEEE 1588v2 功能,避免只开启一个方向而没有备用时间路径的情况。

3）时间对接方案

在不同传输系统之间(如 PTN 和 OTN 之间)进行时间同步对接时,采用 IEEE 1588v2

以太网接口对接。除特殊情况外,避免在传输网内部采用1PPS+ToD接口对接。

末端PTN设备和基站设备之间进行时间同步对接时,时间接口建议视基站支持情况而定,优先通过IEEE 1588v2以太网接口(业务接口)对接。

4)频率配置方案

由于设备是在频率同步的基础上实现高精度时间同步的,因此频率同步是时间同步的基础。为了保证时间同步稳定运行,在端到端时间链路中涉及的各类设备,包括时间服务器、传输设备(PTN/OTN/SPN)、TD-LTE基站/5G基站设备等,均需配置稳定可靠的频率输入参考。

对于时间服务器,应配置一路来自局内频率同步网BITS设备的外定时信号作为备用频率输入参考。当时间服务器卫星接收机出现故障的情况下,可以基于此频率输入信号进行守时(time keeping);信号类型为2048kb/s或2048kHz(优先选用2048kb/s)。在接入时应确保阻抗一致,原则上不宜采用75Ω/120Ω阻抗变换器。

对于传输设备,在IEEE 1588v2时间同步网开通运行之前,必须保证本地传输网的同步以太网已经开通并溯源至PRC,不允许单台传输设备运行在内部时钟自由振荡状态。

同步以太网规划遵循原有频率同步网规划要求:

(1)应在核心层选取部分传输设备直接连接频率同步网BITS设备,溯源一级基准钟PRC。应至少配置两路来自局内BITS设备的外定时信号作为主备用频率输入参考,两路频率信号应来自BITS设备的不同机框,信号类型为2048kb/s或2048kHz(优先选用2048kb/s)。在接入时应确保阻抗一致,原则上不宜采用75Ω/120Ω阻抗变换器。

(2)对于其他传输设备,每个传输网元应配置两路同步以太线路作为主备用频率参考源,做好频率定时规划工作,确保不会出现定时环(在传输网中,网元从相邻网元获取时钟同步信息的链路构成了环形拓扑,造成网元的时钟直接或经过网络间接跟踪自身输出的同步信息)和定时倒挂(高级别网络跟踪了低级别网络的时钟)的现象。

对于环形网络,应配置双方向作为主备用同步以太网路径,务必避免只配置一个方向而没有备用路径的情况。

(3)所有传输设备均应开启标准的同步状态消息(SSM)功能用于时钟的传递,应基于SSM协议和本地优先级设置选择最佳频率源进行跟踪。

对于TD-SCDMA/TD-LTE基站设备,应配置为以跟踪传输设备的同步以太网线路信号的方式获取频率参考信号。

5)时间精度补偿

时间精度补偿包括时间服务器天馈线时延补偿、1PPS+TOD连接线时延补偿和IEEE 1588v2光纤不对称补偿3方面。

对于时间服务器天馈线时延,时间服务器应根据仪表测量数值进行补偿,或根据天馈线长度按照4.0ns/m计算时延后进行补偿。

对于1PPS+TOD连接线时延,应由接收端设备根据仪表测量数值进行补偿,或根据连接线长度按照4.0ns/m计算时延后进行补偿。

对于传输网络IEEE 1588v2光纤不对称补偿,核心层和汇聚层传输设备原则上应逐点测试补偿,保证补偿之后光纤不对称引入的时间偏差小于50ns;对于使用OSC单纤双向方式的OTN设备不需要进行测试和补偿。接入层传输设备如果上下行采用同缆光纤,可以不逐点测试补偿,而通过其他方法进行测试验证,包括接入层环型网络通过被动节点的性能监测功能进行监测,接入层链型网络应抽取传输距离最远的站点进行测试验证,或通过具备 GPS 的基站比对 GPS 信号和地面时间同步信号的偏差等方式保证时间同步信号的偏差在可用范围之内。

6.2　IPv6 技术

随着 5G 的蓬勃发展,互联网对 IPv6 的需求也日益迫切。作为下一代互联网的核心协议,IPv6 针对 IPv4 的不足做了改进,除了提供更大的地址空间,还拥有更快的路由机制、更好的业务性能及安全性。

6.2.1　IPv6 原理简介

1. IPv6 及 IPv6 地址的定义

IPv6 是 Internet Protocol version 6 的缩写,其中 Internet Protocol 译为互联网协议。IPv6 是 IETF(Internet Engineering Task Force,互联网工程任务组)设计的用于替代现行的 IPv4 的下一代互联网协议,号称可以为全世界的每一粒沙子编上一个网址。

IPv6 的地址长度为 128 位,是 IPv4 地址长度的 4 倍。IPv6 地址不采用 IPv4 地址的点分十进制格式,而采用十六进制格式,分成 8 组,每组地址为 16 位。

2. IPv6 的地址表示方法

1) 冒分十六进制表示法

冒分十六进制表示法格式为 X:X:X:X:X:X:X:X,其中每个 X 表示地址中的 16 位,以十六进制表示,记为 4 位十六进制数,例如 ABCD:EF01:2345:6789:ABCD:EF01:2345:6789。

在这种表示法中,每个 X 的前导 0 是可以省略的。例如,2001:0DB8:0000:0023:0008:0800:200C:417A 可以写为 2001:DB8:0:23:8:800:200C:417A。

2) 0 位压缩表示法

在某些情况下,一个 IPv6 地址中间可能包含很长的一段 0,可以把连续的一段 0 压缩为":"。但为保证地址解析的唯一性,地址中":"只能出现一次,例如:

FF01:0:0:0:0:0:0:1101　　→　　FF01::1101

0:0:0:0:0:0:0:1　　　　　　→　　::1

0:0:0:0:0:0:0:0　　　　　　→　　::

3) 内嵌 IPv4 地址表示法

为了实现 IPv4 和 IPv6 互通,IPv4 地址会嵌入 IPv6 地址中,此时地址常表示为 X:X:X:X:X:X:d.d.d.d,前 96 位地址采用 IPv6 地址的冒分十六进制表示,而后 32 位地址则采用 IPv4 地址的点分十进制表示,例如::192.168.0.1 与::FFFF:192.168.0.1 就是两个典型的例子。注意,在前 96 位中,压缩 0 位的方法依旧适用。

3. IPv6 的报文内容

IPv6 报文的整体结构分为 IPv6 报头、扩展报头和上层协议数据 3 部分。IPv6 报头是必选报文头部,长度固定为 40 个 Octets,8 个字段,包含该报文的基本信息;扩展报头是可选报头,可能存在 0 个、1 个或多个,IPv6 协议通过扩展报头实现各种丰富的功能;上层协议数据是 IPv6 报文携带的上层数据,可能是 ICMPv6 报文、TCP 报文、UDP 报文或其他可能的报文。

1) IPv6 报头结构

IPv6 报头结构如图 6-14 所示。

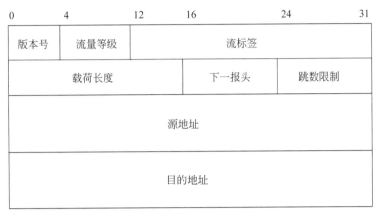

图 6-14　IPv6 报头结构

各字段说明如下:

(1) 版本号。表示协议版本,值必须为 6。

(2) 流量等级。主要用于 QoS,长度为 8 位,指明为该报文提供了某种区分服务。在最新的 IPv6 Internet 草案中,称该字段为业务流类别。该字段的定义独立于 IPv6,目前尚未在任何 RFC 中定义。该字段的默认值是全 0。

(3) 流标签。长度为 20 位,用于标识属于同一业务流的该字段。一个节点可以同时作为多个业务流的发送源。流标签和源节点地址唯一标识了一个业务流。

(4) 载荷长度。为静荷长度,这个长度不包含 IP 报头长度。这意味着在计算载荷长度时包含了 IPv6 扩展头的长度。

(5) 下一报头。该字段用来指明报头后接的报文头部的类型。若存在扩展报头,表示第一个扩展报头的类型;否则表示其上层协议的类型。它是 IPv6 各种功能的核心实现方法。

(6) 跳数限制。该字段类似于 IPv4 中的 TTL,每次转发跳数减 1,该字段达到 0 时包将会被丢弃。

(7) 源地址。标识该报文的来源地址,共 128 位。

(8) 目的地址。标识该报文的目的地址,共 128 位。

2) IPv6 报文的扩展报头

IPv6 报文中不再有"选项"字段,而是通过"下一报头"字段配合 IPv6 扩展报头实现"选项"字段的功能。使用扩展头时,将在 IPv6 报文"下一报"头字段表明首个扩展报头的类型,再根据该类型对扩展报头进行读取与处理。每个扩展报头同样包含"下一报头"字段,若接下来有其他扩展报头,即在"下一报头"字段中继续标明接下来的扩展报头的类型,从而达到添加连续多个扩展报头的目的。在最后一个扩展报头的"下一报头"字段中,则标明该报文上层协议的类型,用以读取上层协议数据。

IPv6 报文的扩展报头结构如图 6-15 所示。

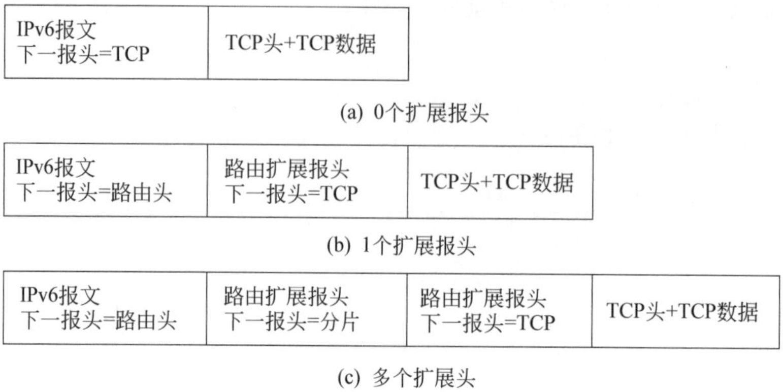

| IPv6报文
下一报头=TCP | TCP头+TCP数据 |

(a) 0个扩展报头

| IPv6报文
下一报头=路由头 | 路由扩展报头
下一报头=TCP | TCP头+TCP数据 |

(b) 1个扩展报头

| IPv6报文
下一报头=路由头 | 路由扩展报头
下一报头=分片 | 路由扩展报头
下一报头=TCP | TCP头+TCP数据 |

(c) 多个扩展头

图 6-15　IPv6 报文扩展报头结构

4. IPv6 地址类型

IPv6 主要定义了 3 种地址类型：单播地址（unicast address）、多播地址（multicast address）和任播地址（anycast address）。与原来在 IPv4 地址相比，IPv6 地址新增了任播地址类型，取消了原来 IPv4 地址中的广播地址，因为在 IPv6 中的广播功能是通过多播完成的。

单播地址用来唯一标识一个接口，类似于 IPv4 中的单播地址。发送到单播地址的数据报文将被传送给此地址所标识的一个接口。

多播地址用来标识一组接口（通常这组接口属于不同的节点），类似于 IPv4 中的多播地址。发送到多播地址的数据报文被传送给此地址所标识的所有接口。

任播地址用来标识一组接口（通常这组接口属于不同的节点）。发送到任播地址的数据报文被传送给此地址所标识的一组接口中距离源节点最近（根据使用的路由协议进行度量）的一个接口。

IPv6 地址类型是由地址前缀部分确定的，主要地址类型与地址前缀的对应关系如表 6-3 所示（由 RFC3513 规定）。

表 6-3　IPv6 主要地址类型与地址前缀的对应关系

地 址 类 型		地址前缀（二进制）	IPv6 前缀标识
单播地址	未指定地址	00…0(128 位)	::/128
	环回地址	00…1(128 位)	::1/128
	链路本地地址	1111111010	FE80::/10
	站点本地地址	1111111011	FEC0::/10
	全球单播地址	其他形式	
多播地址		11111111	FF00::/8
任播地址		在单播地址空间中进行分配，使用单播地址的格式	

1）IPv6 单播地址

IPv6 单播地址与 IPv4 单播地址一样，都只标识了一个接口。为了适应负载平衡系统，

RFC3513允许多个接口使用同一个地址,只要这些接口作为主机上实现的IPv6的单个接口出现即可。单播地址包括5个类型:全局单播地址、链路本地地址、站点本地地址、兼容性地址、特殊地址。

全局单播地址等同于IPv4中的公网地址,可以在IPv6互联网上进行全局路由和访问。这种地址类型允许路由前缀的聚合,从而限制了全球路由表项的数量。

链路本地地址和站点本地地址都属于本地单播地址。在IPv6中,本地单播地址是指本地网络使用的单播地址,也就是IPv4地址中的局域网专用地址。每个接口上至少要有一个链路本地单播地址,另外还可分配任何类型(单播、多播和任播)或范围的IPv6地址。

链路本地地址仅用于单个链路(这里的链路相当于IPv4中的子网),不能在不同子网中路由。节点使用链路本地地址与同一个链路上的相邻节点进行通信。例如,在没有路由器的单链路IPv6网络上,主机使用链路本地地址与该链路上的其他主机进行通信。

站点本地地址相当于IPv4中的局域网专用地址,仅可在本地局域网中使用。例如,没有与IPv6互联网的直接路由连接的专用互联网可以使用不会与全局地址冲突的站点本地地址。站点本地地址可以与全局单播地址配合使用,也就是在一个接口上可以同时配置站点本地地址和全局单播地址。但使用站点本地地址作为源或目的地址的数据报文不会被转发到本站(相当于一个私有网络)外的其他站点。

兼容性地址有3种。在IPv6的转换机制中还包括一种通过IPv4路由接口以隧道方式动态传递IPv6包的技术,这样的IPv6节点会被分配一个在低32位中带有全球IPv4单播地址的IPv6全局单播地址。另有一种嵌入IPv4的IPv6地址,用于局域网内部,这类地址用于把IPv4节点当作IPv6节点。此外,还有一种称为6to4的IPv6地址,用于在两个通过互联网同时运行IPv4和IPv6的节点之间进行通信。

特殊地址包括未指定地址和环回地址。未指定地址(0:0:0:0:0:0:0:0或::)仅用于表示某个地址不存在。它等价于IPv4未指定地址0.0.0.0。未指定地址通常作为尝试验证暂定地址唯一性数据包的源地址,并且永远不会指派给某个接口或被用作目标地址。环回地址(0:0:0:0:0:0:0:1或::1)用于标识环回接口,允许节点将数据包发送给自己。它等价于IPv4环回地址127.0.0.1。发送到环回地址的数据包永远不会发送给某个链接,也永远不会通过IPv6路由器转发。

2)IPv6多播地址

IPv6多播地址可识别多个接口,对应于一组接口的地址(通常分属不同节点)。发送到多播地址的数据包被送到由该地址标识的每个接口。使用适当的多播路由拓扑,将向多播地址发送的数据包发送给该地址识别的所有接口。任意位置的IPv6节点可以侦听任意IPv6多播地址上的多播通信。IPv6节点可以同时侦听多个多播地址,也可以随时加入或离开多播组。

IPv6多播地址最明显的特征就是最高的8位固定为1111 1111。IPv6地址很容易区分多播地址,因为它总是以FF开始的,如图6-16所示。

图 6-16　IPv6 多播地址结构

3）IPv6 任播地址

一个 IPv6 任播地址与多播地址一样也可以识别多个接口，对应一组接口的地址。大多数情况下，这些接口属于不同的节点。但是，与多播地址不同的是，发送到任播地址的数据包被送到由该地址标识的其中一个接口。

通过合适的路由拓扑，目的地址为任播地址的数据包将被发送到单个接口（该地址识别的最近接口，最近接口定义的依据是路由距离最近），而多播地址用于一对多通信，发送到多个接口。一个任播地址不能用作 IPv6 数据包的源地址，也不能分配给 IPv6 主机，仅可以分配给 IPv6 路由器。

5. 地址配置协议

IPv6 使用两种地址自动配置协议，分别为无状态地址自动配置协议（Stateless Address Auto-Configuration，SLAAC）和 IPv6 动态主机配置协议（Dynamic Host Configuration Protocol for IPv6，DHCPv6）。

SLAAC 不需要服务器对地址进行管理，主机直接根据网络中的路由器通告信息与本机 MAC 地址结合计算出本机 IPv6 地址，实现地址自动配置。

DHCPv6 由 DHCPv6 服务器管理地址池，用户主机从服务器请求并获取 IPv6 地址及其他信息，达到地址自动配置的目的。

1）无状态地址自动配置协议

无状态地址自动配置协议的核心是不需要额外的服务器管理地址状态，主机可自行计算地址进行地址自动配置，包括 4 个基本步骤：

（1）链路本地地址配置，主机计算本地地址。

（2）重复地址检测，确定当前地址唯一。

（3）全局前缀获取，主机计算全局地址。

（4）前缀重新编址，主机改变全局地址。

2）IPv6 动态主机配置协议

IPv6 动态主机配置协议是由 IPv4 场景下的 DHCP 发展而来的。客户端通过向 DHCP 服务器发出申请获取本机 IP 地址并进行自动配置，DHCP 服务器负责管理并维护地址池以及地址与客户端的映射信息。

DHCPv6 在 DHCP 的基础上进行了一定的改进与扩充。其中包含 3 种角色：DHCPv6 客户端，用于动态获取 IPv6 地址、IPv6 前缀或其他网络配置参数；DHCPv6 服务器，负责为 DHCPv6 客户端分配 IPv6 地址、IPv6 前缀和其他网络配置参数；DHCPv6 中继，它是一个转发设备。通常情况下。DHCPv6 客户端可以通过本地链路范围内的多播地址与 DHCPv6 服务器进行通信。若服务器和客户端不在同一链路范围内，则需要 DHCPv6 中继进行转发。DHCPv6 中继的存在使得在每一个链路范围内都部署 DHCPv6 服务器不是必要的，可以节省成本，并便于集中管理。

6. IPv6 邻机发现机制

1）邻机发现协议的定义

邻机发现协议是在整合了 IPv4 中的多个协议，如地址解析协议（Address Resolution Protocol，ARP）、路由器发现协议、沿路 MTU 发现协议等之后形成的一个新的协议。它是 IPv6 中最基本的协议。

2）邻机发现中使用的主要地址

邻机发现中使用的主要地址如下：

- 所有节点多播地址（all-nodes multicast address）：FF02::1。
- 所有路由器多播地址（all-routers multicast address）：FF02::2。
- 不确定地址（unspecified address）：0:0:0:0:0:0:0:0。
- 链路域地址（link-local address）：以前缀 FE80::/16 开始的地址。
- 被请求节点多播地址（solicited-node multicast address）：形如 FF02::1:FFXX:XXXX 的地址。

3）邻机发现的作用

邻机发现的作用如下：

（1）路由发现（router discovery）。主机通过这一机制找到同一链路上的路由器。通过这一功能，主机可以在不需要手工配置的情况下自动地获取有关本地链路上可用路由器的信息，并完成默认路由的自动添加。

（2）前缀发现（prefix discovery）。主机通过这一机制获取本地链路使用的地址前缀，利用该前缀就可以进行自动地址配置。利用该机制获取的地址前缀也用于判断主机接收到的报文是否来自本地链路。

（3）参数发现（parameter discovery）。主机通过这一机制获取诸如跳数限制、沿路最大传送单元（MTU）等参数。在 IPv6 中，只需要对链路上的路由器进行参数配置，路由器通过发送路由器通告报文向本地链路上的主机发布有关的参数，即可实现参数的集中配置和管理。

（4）地址自动配置（address auto-configuration）。主机通过这一机制实现地址自动配置。主机利用本地链路上的路由器发布的地址前缀，结合一个唯一的接口标识，自动地生成128 位的 IPv6 地址，不再需要手工进行地址配置。

（5）地址解析（address resolution）。主机通过这一机制确定邻机的链路层地址。这一功能与 IPv4 中的 ARP 的功能相同，当主机不知道接收方的链路层地址时，就利用该功能进行地址解析，在 IPv6 中使用 ICMPv6 报文进行地址解析，与 IPv4 中的 ARP 相比，完全独立于链路层。

（6）下一跳确定（next hop determination）。主机通过这一机制将目的地址映射为下一跳地址，这实际上是进行默认路由的自动配置。IPv6 的地址自动配置和默认路由的自动配置功能使其可以支持真正的即插即用功能。

（7）邻机不可达检测（neighbor unreachable detection）。主机通过这一机制检测通往邻机的前向路径是否畅通。IPv6 通过该机制还可以不断地检测正在进行通信的其他主机是否仍然可达。

（8）重复地址检测（duplicate address detection）。主机通过这一机制确定自己希望使用的地址是否已经被其他主机使用。由于 IPv6 会自动进行地址配置，因此有必要提供该机制以确保自动配置的地址不会重复。

（9）路由重定向（redirect）。路由器利用这一机制通知主机可能存在的更好的下一跳或者目的节点就在同一链路上。IPv6 的路由重定向功能与 IPv4 是相同的。

4）邻居发现的控制报文

邻居发现的控制报文有以下 5 种：

（1）路由器请求（router solicitation）。当主机的接口被使能（enabled）以后，主机通过发送路由器请求，要求链路上的路由器向其发送路由器通告，以此获取有关地址前缀、沿路MTU 以及与路由器本身有关的信息。

（2）路由器通告（router advertisement）。路由器周期性地或者在接收到主机所发送的路由器请求之后，利用路由器通告表明自己的存在，并传送网络参数。在路由器通告报文中，包含了诸如跳数限制等信息，其中，地址前缀在选项中给出。

（3）邻机请求（neighbor solicitation）。主机利用邻机请求向同一个链路上的其他主机发送查询报文，进行地址解析、邻机不可达检测和重复地址检测。

（4）邻机通告（neighbor advertisement）。当主机接收到链路上其他相邻主机发送的邻机请求报文时，就发送邻机通告进行应答。当主机的链路层地址发生改变时，也通过邻机通告发布这一地址变化。

（5）路由重定向。如果到某一目节点存在更好的下一跳，路由器利用路由转向通知主机这一更好的下一跳或者目的节点就是邻机以及报文可以直接发送到目的节点，不需要经过路由器转发。

5）邻机发现机制总结

封装邻机发现 ICMP 报文的 IPv6 报文中使用链路域的地址，因此这些报文都只能在某个链路（即子网）中发送，而不会泄露到其他链路中去，以减少链路负担。

邻机发现是 IPv6 的一个非常具有特色之处。通过邻机发现机制，IPv6 节点可以实现自动配置和即插即用功能，大大简化了网络管理工作。IPv6 相对于 IPv4 的许多优点也正是来源于其对邻机发现协议的支持。另外，邻机发现机制也是 IPv6 的其他功能（例如移动性支持等）正常工作的基础。

7. IPv6 沿路 MTU 发现机制

在 IPv6 中，取消了路由器对过大报文的分片功能，如果有必要，将由发送方的主机负责进行报文的分片。因此，必须保证节点发送的报文大小不超过转发路径中 MTU 值最小的路段的 MTU 值，也就是不能超过沿路 MTU 的大小，这就需要在发送报文之前首先确定沿路 MTU 的值。这是通过沿路 MTU 发现机制完成的。IPv6 沿路 MTU 发现机制工作过程如图 6-17 所示。

图 6-17　IPv6 沿路 MTU 发现机制工作过程

8. IPv6 带来的网络改变

IPv6 给网络带来了 DNS、DHCP 和路由协议的改变。

1）DNS 改变

IPv4 和 IPv6 的 DNS 基本一样，只是在对域名的记录定义上有区别。IPv4 是 A 记录；IPv6 是 AAAA 记录或者 A6 记录，这主要是为了应对 IPv6 的地址变为 128 位带来的变化。

2）DHCP 的变化

IPv6 的 DHCP 变为 DHCPv6，该协议的操作和 IPv4 的 DHCP 类似。

3）路由协议的改变

目前的路由协议一般有两种：内部网关协议（Internal Gateway Protocol，IGP）和外部网关协议（External Gateway Protocol，EGP）。

IPv6 同样也包含这两类协议，IGP 主要是 IS-ISv6、RIPng 和 OSPFv3，EGP 主要是 BGP4＋。

下面简要介绍上述协议的变化。

IS-IS 路由协议是 OSI 定义的用于支持 CLNS 的路由协议，它与 IETF 定义的 OSPF 路由协议有许多相同点。为了支持 IPv6，IS-ISv6 扩展了两个新的 TLV 以承载 IPv6 的路由信息。同 BGP 一样，IS-ISv6 可以同时承载 IPv4 和 IPv6 的路由信息。因此，IS-ISv6 完全可以独立用于 IPv4 网络和 IPv6 网络。

RIP 是 IPv4 网络下推出时间最久的路由协议，也是最简单的路由协议。它主要传递路由信息（路由表），每隔 30s 广播一次路由表，以维护相邻路由器的关系，同时根据收到的路由表计算自己的路由表。

RIP 运行简单，适用于小型网络。RIPv1 和 RIPv2 用来承载 IPv4 的路由信息。在 IPv6 网络中使用的 RIP 称为 RIPng（RIP next generation，下一代 RIP）。RIPng 主要基于 RIPv2，使用 UDP 端口号 521，并进行了扩展以支持 IPv6 地址。RIPv2 同 RIPng 并不兼容。因此，RIPng 只能用在 IPv6 网络中，而 RIPv2 则只能用在 IPv4 网络中。

OSPF 路由协议在属于同一个自治系统（AS）内部的各个路由器之间交换路由信息，是一种基于链路状态的内部网关协议。通过 OSPF 传递 IPv6 路由信息的路由协议称为 OSPFv3。OSPFv3 运行在 IPv6 网络中，它同 OSPFv2 并不兼容，与 OSPFv2 相比，OSPFv3 的机制和选路算法并没有本质的改变。全面升级后的 OSPFv3 已经支持路由器在网络上转发 IPv6 数据。OSPFv3 提高了通用性，使网络可以适应不断变化的要求，这使复杂的网络得以简化。它采取了一些增强措施以保证升级方便地进行，还进行了优化，并且安全性也得到了提高。

BGP 的变化：BGP4＋只是在 BGP4 的基础上做了一些扩展，以便提供对 IPv6 的支持；BGP4＋使用了一个 BGP 的特殊的属性 Multi-Protocol BGP（MP-BGP）来承载 IPv6 的路由信息，这种路由信息被称为 IPv6 NLRI（Network Layer Reachability Information）。BGP4＋是 BGP 协议的一个扩展，同 BGP4 完全兼容。所以，BGP4＋可以独立地在 IPv4 网络上或者是 IPv6 网络上运行。

6.2.2　IPv6 的过渡策略

由于目前仍有大量的互联网用户使用的老式计算机终端，网络侧也存在大量老式通信设备，这些终端和网络设备尚不支持 IPv6，同时，现网的移动通信 4G 基站业务也是采用 IPv4 封装的，因此 IPv6 不可能立刻替代 IPv4，在相当一段时间内 IPv4 和 IPv6 会共存于一个环境中。要提供平稳的转换过程,使得对现有的使用者影响最小,就需要有良好的转换机制。IETF 推荐的转换机制主要有 4 种:IPv6/IPv4 双协议栈技术、隧道技术、基于 MPLS 的过渡机制和基于协议转换的过渡机制。

1. IPv6/IPv4 双协议栈技术

双协议栈技术就是使 IPv6 网络节点具有一个 IPv4 协议栈和一个 IPv6 协议栈,同时支持 IPv4 和 IPv6。IPv4 和 IPv6 是功能相近的网络层协议,两者都应用于相同的物理平台,并承载相同的传输层协议(TCP 或 UDP),可以灵活地通过 IPv4 与现存的 IPv4 网络通信,同时通过 IPv6 与新建的 IPv6 网络通信。

该策略的优点是实现方式最直接。然而它也有以下缺点:

- 需要同时支持 IPv4 和 IPv6 两种协议,结构比较复杂。
- 对处理器要求比较高。
- 对路由器的内存要求比较高。
- 需要对所有的网络设备,尤其是骨干设备进行升级,成本太高。

基于以上原因,双栈只适合在隧道入口和出口的路由器上实现,同时配合其他机制共同完成 IPv4 和 IPv6 的网络互通。

2. 隧道技术

隧道技术就是必要时将 IPv6 数据分组作为数据封装在 IPv4 数据分组里,使 IPv6 数据包能在已有的 IPv4 基础设施(主要是指 IPv4 路由器)上传输的机制。随着 IPv6 的发展,出现了一些被运行 IPv4 协议的骨干网络隔离开的局部 IPv6 网络,为了实现这些 IPv6 网络之间的通信,必须采用隧道技术。隧道对于源站点和目的站点是透明的,在隧道的入口处,路由器将 IPv6 的数据分组封装在 IPv4 分组中,该 IPv4 分组的源地址和目的地址分别是隧道入口和出口的 IPv4 地址,在隧道出口处,再将 IPv6 分组取出,转发给目的站点,如图 6-18 所示。隧道技术的优点在于隧道的透明性,IPv6 主机之间的通信可以忽略隧道的存在,隧道只起到物理通道的作用。隧道技术在 IPv4 向 IPv6 演进的初期应用非常广泛。但是,隧道技术不能实现 IPv4 主机和 IPv6 主机之间的通信。

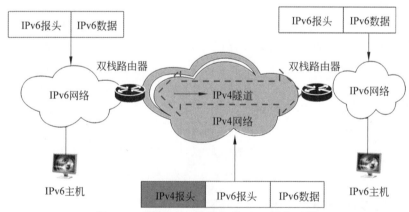

图 6-18　利用 IPv4 隧道实现 IPv6 网络互联

隧道技术又包含多种:手工配置隧道、GRE(Generic Routing Encapsulation,通用路由封装)隧道、6to4 隧道、ISATAP(Intra-Site Automatic Tunnel Addressing Protocol,站内自

动隧道寻址协议)隧道、隧道代理、Teredo 隧道等,具体实现本书不详细阐述。

3. 基于 MPLS 的过渡机制

在利用 MPLS 封装 IPv6 报文的机制中,一种比较有代表性的方法称为 6PE(IPv6 Provider Edge)。该方法使得独立的 IPv6 域可以通过支持 MPLS 的 IPv4 网络进行互联互通。6PE 不需要对骨干网络体系进行升级,也不需要对核心路由器进行重新配置。另外,由于 MPLS 是利用标记而不是 IP 报头中的地址信息进行转发的,该方案的效率也比较高,而且还可以利用 MPLS 网络所固有的虚拟专网(VPN)流量工程处理能力。另外,MPLS 隧道也没有 IP-in-IP 的隧道方式所存在的诊断困难的问题。这种过渡机制的缺点是需要骨干网络支持 MPLS。6PE 功能的实现如图 6-19 所示。

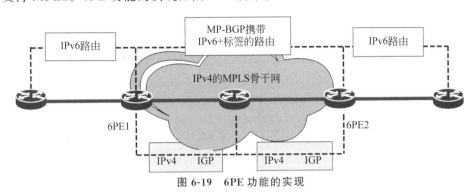

图 6-19 6PE 功能的实现

4. 基于协议转换的过渡机制

基于协议转换的过渡机制(NAT-PT)是指附带协议转换的网络地址转换(Network Address Translator-Protocol Translator,NAT-PT),该技术是将 IPv4 地址和 IPv6 地址分别看作内部地址和全局地址或者相反。例如,内部的 IPv4 主机要和外部的 IPv6 主机通信时,在 NAT 服务器中将 IPv4 地址(相当于内部地址)转换成 IPv6 地址(相当于全局地址),服务器维护一个 IPv4 与 IPv6 地址的映射表。反之,当内部的 IPv6 主机和外部的 IPv4 主机进行通信时,则 IPv6 主机映射成内部地址,IPv4 主机映射成全局地址。NAT-PT 技术可以解决 IPv4 主机和 IPv6 主机之间的互通问题,如图 6-20 所示。

图 6-20 利用 NAT-PT 实现 IPv4 和 IPv6 的互通

6.2.3 5G 承载网的演进方向

目前,现网的 4G 基站采用的是 IPv4 封装,而未来 5G 基站将采用 IPv6 封装,需要传输网络具备 IPv6 业务的转发能力,因此传输网络的业务将会长期存在 IPv4 和 IPv6 两种类型。

在当前承载 4G 基站业务的 PTN 中,其管理平面——DCN 采用的是 IPv4 地址,未部署控制平面。5G 传输网将支持管理平面和控制平面均采用 IPv6 方式部署,但现网存量 PTN 设备则延续使用 IPv4 方式。因此,从传输网本身来说,也存在 IPv4 和 IPv6 两种部署方式。

综上所述,IPv6 部署推荐双栈方案,网络演进路线为从 IPv4 到 IPv4/IPv6 双栈过渡,最终演进为纯 IPv6 网络。双栈方案以现网升级和改造方式支持 IPv6。对新建设备要求支持双栈,对现网进行升级,对不支持双栈升级的设备需要进行替换。

纯 IPv6 网络是网络演进的最终目标,双栈部署属于过渡阶段的策略。

重点小结

同步传递的信息分为时钟同步(频率同步)和时间同步(频率和相位均同步)。同步又分为伪同步和主从同步,伪同步为国际间网络的同步方式,主从同步为统一网络内的同步方式。主从同步又包含 3 种模式:跟踪锁定上级时钟模式、保持模式、自由振荡模式。高精度时间同步是通过 BMC 算法实现。中国移动将 IEEE 1588v2 高精度时间同步系统用于为 TD-LTE 基站和 5G 基站提供高精度时间同步信号。IEEE 1588v2 系统以城域传输网为单位部署,在每个城域传输网选择两个独立局址设置主备用高精度时间服务器,配置北斗/GPS 双模接收,原则上北斗信号作为主用;在基站侧,通过支持 IEEE 1588v2 的传输网设备传输高精度时间同步信号,基站通过 IEEE 1588v2 以太网接口或 1PPS+TOD 接口从传输网获取高精度时间同步信号,其中 1PPS+TOD 接口作为主用,IEEE 1588v2 以太接口作为备用。

IPv6 的地址长度为 128 位,是 IPv4 地址长度的 4 倍。IPv6 地址不采用 IPv4 地址的点分十进制格式,而采用十六进制格式,分成 8 组,每组地址为 16 位。IPv6 报文的整体结构分为 IPv6 报头、扩展报头和上层协议数据 3 部分。IPv6 主要定义了 3 种地址类型:单播地址、多播地址和任播地址。与原来的 IPv4 地址相比,IPv6 新增了任播地址类型,取消了 IPv4 地址中的广播地址,因为在 IPv6 中的广播功能是通过多播完成的。IPv6 使用两种地址自动配置协议,分别为无状态地址自动配置协议(SLAAC)和 IPv6 动态主机配置协议(DHCPv6)。相对于 IPv4,IPv6 在 DNS、DHCP 和路由协议方面均带来了一定的改变。在 IPv6 过渡期,IETF 推荐的转换机制主要有 4 种:IPv6/IPv4 双协议栈技术、隧道技术、基于 MPLS 的过渡机制(例如 6PE)、基于协议转换的过渡机制(NAT-PT)。传输网 IPv6 部署推荐双栈方案,网络演进路线为从 IPv4 到 IPv4/IPv6 双栈过渡,最终演进为纯 IPv6 网络。

习题与思考

1. 伪同步和主从同步分别在什么场景下使用?

2. 在主从同步网中,当一级基准时钟失效时,该网络中的从时钟网元将会采取哪些方式为信号提供同步?

3. 时间同步和时钟同步的区别是什么?

4. IEEE 1588v2 时间信号在传输网中主要通过哪两种接口传递?

5. IPv6 相对于 IPv4 主要有哪些改进?

6. IPv6 有哪 3 种地址类型? 与 IPv4 有何区别?

7. IPv6 的过渡策略有哪些?

任务拓展

对于由 8 个网元组成的环网,分别绘制在单外部时钟注入和主备外部时钟注入时实行的主备传递路径,同时说明在某个网元失效时时钟传递路径会如何变化。

学习成果达成与测评

项目名称		时间同步及 IPv6 技术		学时	4	学分	0.2
职业技能等级	中级	职业能力	能在 SPN 规划中有效地部署时间同步系统及 IPv6			子任务数	4 个
子任务	序号	评价内容		评价标准			分数
	1	同步的概念		能够阐述同步的意义，并掌握时间同步和时钟同步的区别			
	2	从时钟的工作模式		掌握从时钟的 3 种工作模式及切换			
	3	IEEE 1588v2 时间系统		掌握 IEEE 1588v2 时间同步系统的部署位置以及时间信号的获取与传递方式			
	4	IPv6 技术		掌握 IPv6 技术的原理及现阶段的部署策略			
考核评价	项目整体分数(每项评价内容分值为 1 分)						
	指导教师评语						
备注							

学习成果实施报告书

题目：IEEE 1588v2 时间同步系统的部署及其时间信息的传送规划

班级：　　　　　　　　　姓名：　　　　　　　　　学号：

任务实施报告

　　从骨干节点到接入节点绘制一张 IEEE 1588v2 的时间同步网，并规划时间信号的传递流向，简要阐述时间同步的实现方式。在假定某一节点或多节点失效的情况下，重新绘制时间信号的传递流向，并阐述时间同步的工作模式变化。

考核评价（按 10 分制）	
教师评语：	态度分数：
	工作量分数：

考核评价规则

1. 任务完成及时。
2. 操作规范。
3. 实施报告书绘图工整，描述条理清晰、文字流畅、逻辑性强。
4. 没有完成工作量扣 1 分。抄袭扣 5 分。

第 7 章　5G 承载网的架构和部署

知识导读

在前面的章节中,讨论了 5G 的业务特点及其对承载网的新要求、新挑战,也介绍了为了应对这些新挑战而应用的一些新理论、新技术。自 2019 年 5G 商用网开始在我国大规模铺开建设至今,产业界各方已经探索和积累了大量关于 5G 承载网的规划建设方法与经验。本章将紧密结合工程实践,梳理 5G 承载网的总体架构,学习 5G 前传网、回传网的规划建设思路与方法,了解 5G 承载网的部署。

学习目标

- 熟悉 5G 承载网的总体架构。
- 熟悉 5G 前传网的规划方法与技术要点。
- 熟悉 5G 回传网的规划方法与技术要点。

能力目标

- 掌握面向 5G 的前传光缆网规划方法。
- 掌握 3 种基于 WDM 技术的光纤收敛技术的应用方法。
- 掌握 5G 回传网的构建思路与规划方法。

7.1　5G 承载网整体架构

7.1.1　5G 承载网的物理架构

5G 承载网的物理架构从横向看,主要由传输网、IP 专用承载网、外部公共数据网等多类网络构成;从纵向看,自上而下又可分为省际干线、省内干线、城域骨干、城域汇聚和城域接入等多个层面。5G 承载网的物理架构如图 7-1 所示。

7.1.2　5G 承载网的功能架构

从功能上看,为满足 5G 的业务特点,承载网应具有以下 4 方面的能力:

(1) 业务转发。采用分层组网、统一转发方式,满足超高带宽、超低时延和高连接灵活性的 5G 业务承载要求。

(2) 协同管控。实现基于 SDN 架构的网元管理和集中控制融合。提供业务和网络资源的灵活配置功能,实现不同域的多层网络统一管理。通过统一的北向接口实现多层多域的协同控制和跨域切片协同服务。具备自动配置功能,提供业务和网络的基本性能监测分

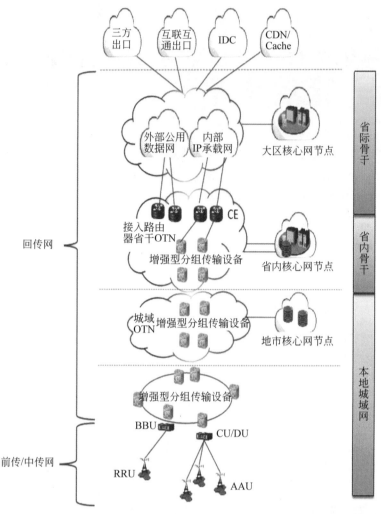

图 7-1　5G 承载网的物理架构

析手段(包括流量监控、时延监测、告警关联分析等)。

(3)切片服务。通过软、硬管道切片隔离技术,为不同客户提供差异化的网络切片服务能力。

(4)时间同步。通过提高时间源精度、时间源下沉、优化同步链路规划等方式,满足 5G 更高精度时间同步的需求。

5G 承载网的功能架构如图 7-2 所示。

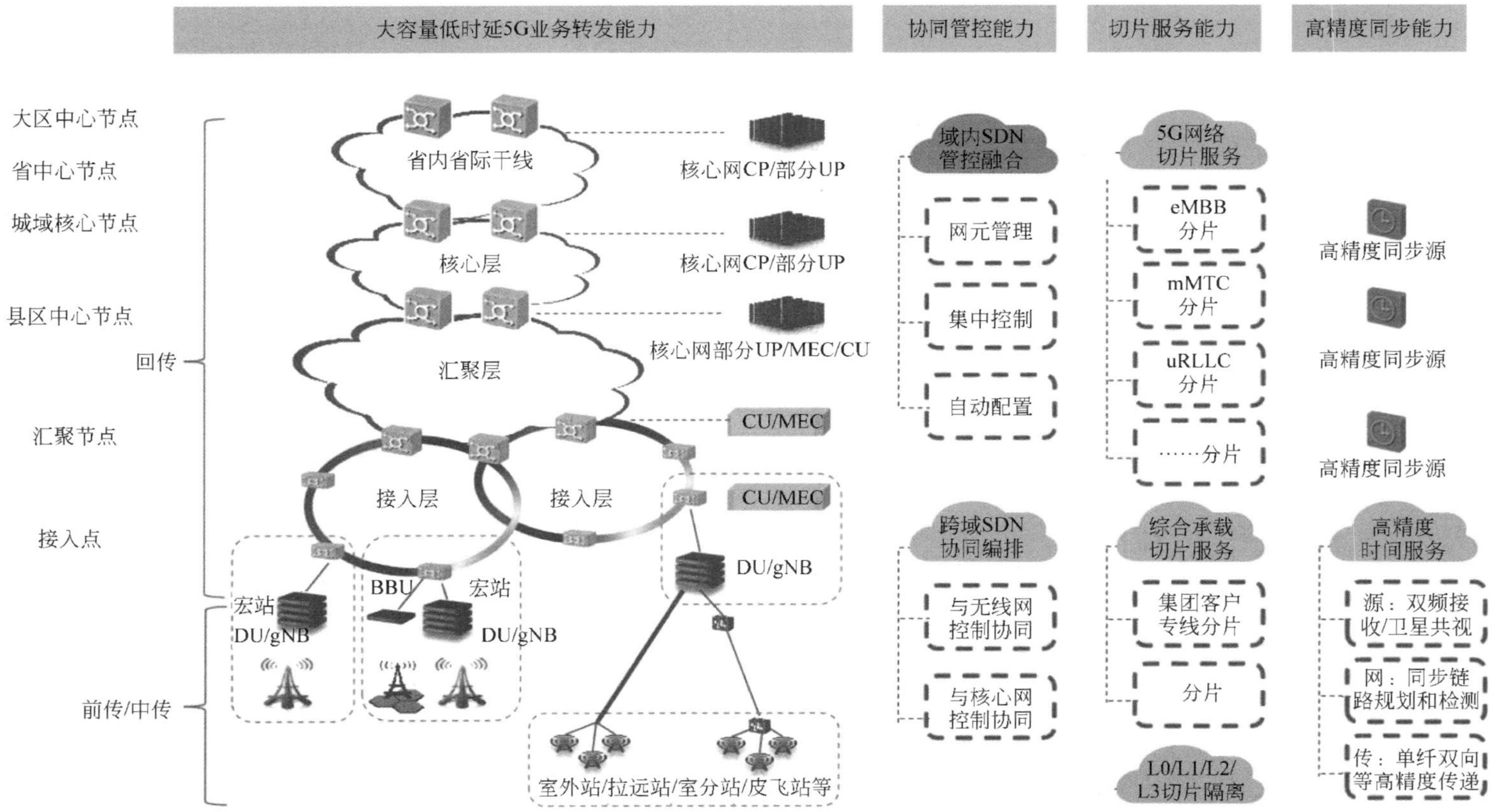

图 7-2 5G 承载网的功能架构

大区中心节点

省中心节点

城域核心节点

县区中心节点 ⎤ 回传

汇聚节点

接入点

前传/中传

7.2 5G 承载网前传方案

7.2.1 5G 前传接口与前传组网模式

前传指无线 2G、3G、4G 等网络中 BBU 与 RRU 间 CPRI(Common Public Radio Interface,通用公共无线电接口)和 5G 网络中 DU 与 AAU 间 eCPRI(enhanced CPRI,增强型 CPRI)业务的传输承载。

以国内某运营商为例,其主要无线网络制式及频段下的前传接口参数如表 7-1 所示。

表 7-1 某运营商主要无线网络制式及频段下的前传接口参数

无线网络制式及频段/(Mb/s)		频宽/(Mb/s)	端口数	接口速率/(Gb/s)	接口类型
GSM/4G FDD		900	19	3	2.5	CPRI
		1800	25	3	4.9	CPRI
4G TDD	F 频段	1900	30	3	4.9	CPRI
	D 频段	2600	60	3	9.8	CPRI
5G 宏站		2600	100/100+60	3/6	25	eCPRI
		4900	100	3	25	eCPRI

5G 前传组网模式主要有 DRAN 和 CRAN 两种,如图 7-3 所示。

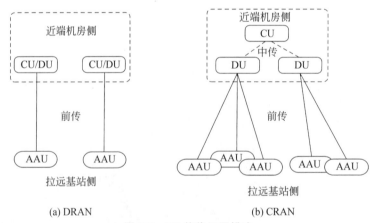

(a) DRAN   (b) CRAN

图 7-3 5G 前传组网模式

DRAN(Distributed RAN,分布式无线接入网)指 DU 分散部署,不同的 DU-AAU 组之间没有直接连接和协同的模式。DRAN 模式组网配置均较为简单,适合站点密度稀疏、无须站间资源协同调度的场景,如乡镇农村及建网初期的非密集城区。

CRAN(Centralized RAN,集中式无线接入网)组网模式通过 CU/DU 的集中堆叠和站间协同技术减少干扰,提高频谱效率,达到低干扰、高速率、大带宽和低时延的网络目标,可以提高设备利用率,降低设备能耗,减少机房数量。由于 CRAN 模式具有有利于降低网络建设和运行维护成本,降低基站选址难度,提高建设灵活性,有利于引入协作化提升网络性能,有利于 MEC 等技术的部署等诸多优势,成为主流的城区宏站建站模式。国内运营商普遍要求城区宏站采用 CRAN 模式建站的比例应达到 70% 以上。

除 DRAN 和 CRAN 两种传统模式之外,还有一种 Cloud RAN 结构。在该结构下,CU 与 DU 分离,CU 云化与 MEC 共平台部署。该结构可视为 CRAN 模式的云化演进版本,暂无商用化的产品及应用案例,本书不作深入探讨。

7.2.2 光纤直驱方案

光纤直驱方案具有成本较低、建设维护界面清晰等优点,在新建站或现有光缆纤芯资源充足的共址新建站场景下前传承载方案应优选光纤直驱方案。

1. 前传纤芯数量需求测算

通常情况下,无线基站设备每扇区的每个载频各需配置一个 CPRI/eCPRI 光口,即需 2 芯光纤。例如,常见的三扇区单载波的 S111 站型需 3×2=6 芯,三扇区双载波的 S222 站型需 3×2×2=12 芯。实际情况中,同一天面站址通常是 4G、5G 等多制式网络共址建设的,同一制式中还可能有多个频段的需求,即所谓"单物理站、多逻辑站"的情况。因此,在计算某站点纤芯需求时应综合考虑多制式、多频段无线业务需求。典型的 4G/5G 共址宏站的纤芯需求如表 7-2 所示。

表 7-2 典型的 4G/5G 共址宏站纤芯需求

站点类型	无线设备类型	站型	前传端口数	纤芯需求/芯
宏站	5Gb/s 中频段	S111	3	6
	2Gb/s 900MHz 频段	S111	3	6
	4Gb/s D 频段	S111	3	6
	4Gb/s F 频段	S111	3	6

考虑到 NB-IoT、2Gb/s 1800MHz 频段、未来可能的 5Gb/s 高频段、6Gb/s 等业务的纤芯需求以及维护备损纤芯等因素,新建密集城区三扇区宏站的接入纤芯数量建议按 48 芯考虑。

同理,其他场景(如一般城区宏站、非业务密集区的乡镇农村宏站、交通道路覆盖站、室分站点等)的纤芯需求应根据相关站点的站型、网络制式、频点规划等因素综合考虑。

2. 前传光缆网规划思路

1)城区场景

为有效地实现站间资源调度等功能,CRAN 区域应在一定规划区域边界内,原则上不得跨区组网,CRAN 区域内的物理基站原则上要求连续覆盖,不得跨区间插集中,这与综合业务区的划区原则和业务收敛原则是一致的。因此,城区 5G 基站前传光缆网规划建设应在综合业务区的框架下进行统一考虑。

(1)面向 5G CRAN 前传光缆需求的新建综合业务区规划。

对于需要新建综合业务区的区域,在"划区-布点-连线"的综合业务区传统规划方法的基础上,应面向大规模的 5G CRAN 前传接入需求。由于 DU 集中后 CRAN 节点所覆盖的范围通常大于微网格范围,因此与传统上的微网格区域划分难以完全对应。为了确保基站末端接入的唯一性和有序性,可根据 CRAN 组网规划,将同一 CRAN 组内的若干宏站覆盖的集中连片区域的微网格合并组成一个新的逻辑网格,即前传网格。要求前传网格内的无线拉远站统一接入本网格的 CRAN 节点机房,不得跨网格接入。在各前传网格内进行前传光缆规划,以实现集中连片就近接入、降低光缆长度、减少光缆投资、节省通信管道管孔资源的目的。面向 5G CRAN 需求的综合业务区结构如图 7-4 所示。

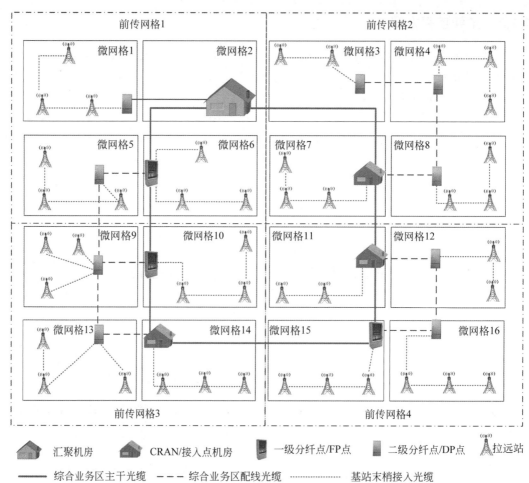

图 7-4　面向 5G CRAN 需求的综合业务区结构

(2)面向 5G 的新建综合业务区规划。

面向 5G 的新建综合业务区规划原则如下:

① 前传网格划片应综合考虑地形地物和交通干道等天然阻隔、通信管道网现状和无线基站的分布与密度等因素。单个前传网格包含的宏站物理站址最大不超过 20 个。每个前传网格内设置一个 CRAN 机房(可新建,也可利用空间或电源条件具备的现有机房)。

② 拉远站应就近接入所在微网格内的二级或一级分纤点。与汇聚机房/CRAN 机房位于同一微网格内的基站也可以直接接入机房。

③ 同一微网格内的拉远站光缆可采用星形结构,在路由条件合适(如连续分布的道路覆盖站等)时,也可顺势采用链状线性递减方式配纤接入,如图 7-5 所示。

④ 基站接入光缆应与家庭宽带、集团客户专线等其他业务统一规划共用分纤点箱,以便后续资源调配,同时管控光缆交接数量,减小对市容市貌的影响,降低建设协调难度。

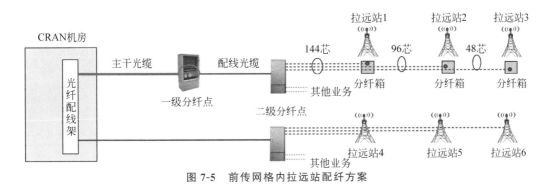

图 7-5　前传网格内拉远站配纤方案

⑤ 综合业务区配线光缆应综合考虑基站前传、家庭宽带、集团客户专线等全业务的光缆纤芯需求,并留出余量。

⑥ 在主干光缆方面,当测算总纤芯需求不高(例如小于 288 芯)时,可合缆统一考虑基站前传、家庭宽带、集团客户专线等全业务需求。当总纤芯需求较高时,可共用一级分纤点,但应单独建设基站前传专用主干光缆。前传专用主干光缆可根据各前传网格内的基站数量多寡分段规划纤芯数量。

(3) 成熟建成区的前传光缆网建设。

对于已有综合业务区前传光缆网覆盖的成熟建成区,综合业务区主干配线光缆大多已建设多年,纤芯占用率已普遍较高,且部分光缆已进行过多次拆环扩容,纤芯使用情况极其复杂,业务清理困难。基于此现状,建议光缆按照使用需求进行隔离,双结构共存,即,基站回传、家庭宽带和集团客户专线类业务仍应用原有综合业务区主干光缆,CRAN 前传类业务新建星形/链状结构光缆。

在此场景下,新建的前传光缆也应基于综合业务区/前传网格/微网格三级网格进行规划建设,原则如下:

① 应做到 AAU-末端分纤点的光缆不出微网格,末端分纤点-一级分纤点-CRAN 机房的光缆不出前传网格。

② CRAN 机房出局第一跳光缆宜采用大芯数光缆接入就近的 FP/DP(FP 全称为 Flexible Point,即灵活点,用于一级分纤点;DP 全称为 Distribution Point,即分配点,用于二级分纤点),FP/DP 间的前传配线光缆宜重新布放,芯数根据各微网格内基站数量和纤芯需求测算。现有综合业务区 5G CRAN 光缆扩容方案如图 7-6 所示。

③ 主干前传光缆分纤点应尽量利用现有的 FP/DP 进行光缆交接,以便进行资源调度,并充分发挥现有资源的作用。当现有的光缆交接箱容量不足时,应优先考虑对其进行扩容。

2)乡镇和农村场景

在乡镇和农村场景中,业务密度和站点密度通常都较低,无线站间协同的需求也较少,故一般采用 DRAN 模式建设,光缆建设按照传统方式进行即可。

部分采用 CRAN 方式建设的发达场镇区域,由于光缆建设的难度较低,采用传统星形组网即可。

7.2.3　WDM 前传方案

5G 网络建设过程中将大量共享原有的 2G/3G/4G 基站站址,而早年间建设的基站前

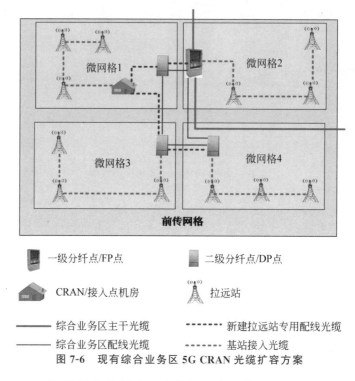

图 7-6　现有综合业务区 5G CRAN 光缆扩容方案

传光缆大多为 12～24 芯,满足各种制式和波段的既有网络开通已捉襟见肘,剩余纤芯数普遍无法满足 5G 网络的开站需求。在工程实践中,光缆建设也存在着诸多难以克服的实际困难,例如,城市通信管道因拥塞、损毁而难以扩容修复,部分站点(如居民楼、党政军办公楼等)光缆引入和部分乡村站点架空光缆杆路建设协调难度大,山区农村直埋光缆建设成本高,等等。此外,工程实践中常常有短时间内紧急开通业务的需求,而新建光缆的施工周期较长,难以及时满足快速开站要求。

在上述场景下,尽量利用现有光缆资源、挖掘现有光缆潜力就成了必选项。为了实现这一目的,可考虑采用波分复用技术对现有光缆的纤芯资源进行拓展。当前较为成熟的 WDM 前传方案主要有无源、有源和半有源 3 种。

1. 无源 WDM 前传方案

1) 无源 WDM 前传方案的基本架构

无源 WDM 技术将不同的光口采用不同的波长合路到一根光纤中传输。例如,一个 S111 宏站共有 3 个 AAU,AAU 至 DU 的收发端口数共 6 个,在 DU 侧和 AAU 侧各采用一个 6 路的 OTM(Optical Terminal Multiplexer,光终端复用器)就可以将 DU 至 AAU 间的收发信号合路到一根光纤中传输。6 波无源 WDM 系统原理如图 7-7 所示。

无源 WDM 系统包括 OTM 和彩光模块两部分。OTM 为无源器件,不能进行波长转换,因此无线设备各业务端口需配置具备不同的特定标准波长的彩光模块。使用时需将 DU/BBU 和 AAU/RRU 上出厂原配的非标准波长光模块(俗称灰光模块或白光模块)替换成相同速率的彩光模块。

采用无源波分方案时,局侧的 OTM 设置在 DU/BBU 集中站,可选配机框与 DU/BBU 安装在一起;远端的 OTM 一般设置在原光缆成端单元的附近,可安装在基站室外机柜内,

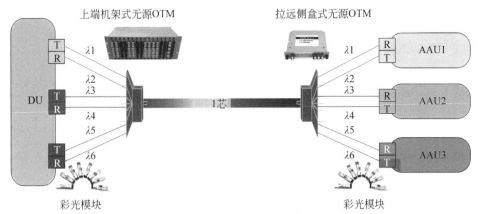

图 7-7　6 波无源 WDM 系统原理

也可新建室外箱安装。

2）无源 WDM 系统容量

无源 WDM 系统采用的波分复用技术主要有 CWDM、DWDM、MWDM、LAN-WDM 4 种。其中 CWDM（Coarse WDM，稀疏波分复用）实用化程度最高，已经得到了广泛应用。相较于传输干线工程中常用的 DWDM（Dense WDM，密集波分复用）技术，CWDM 的信道间隔较宽，对激光器、复用/解复用器的性能要求大大降低，极大地降低了建设成本，主要用于中短距离的光城域网中，非常适用于解决前传纤芯需求聚合的问题。

ITU-T 定义 CWDM 技术波段为 1260～1620nm，信道间隔为 20nm，共 18 波。但由于 18 波中的最后 6 波实现技术难度较高，目前尚无成熟产品，工程实践中常见的 CWDM 无源波分系统主要是 6 合 1（即一根光纤传输 6 个波长）、12 合 1 两种应用模型，其对应的中心波长如表 7-3 所示。

表 7-3　6 合 1 和 12 合 1 无源 WDM 系统中心波长

应用模型	标准中心波长/nm
6 合 1	1271,1291,1311,1331,1351,1371
12 合 1	1271,1291,1311,1331,1351,1371,1471,1491,1511,1531,1551,1571

对于 5G eCPRI 接口的 25Gb/s 速率彩光模块而言，其中前 6 波可采用 DML（Directly Modulated Laser，直调激光器）方式调制，实现方案简单、成本低；而后 6 波由于色散代价大，需采用 EML（External Modulated Laser，外调制激光器）方式调制，故成本较高。在工程实践中，12 合 1 系统的造价是 6 合 1 系统的 4 倍左右，因此在剩余纤芯条件非极端紧张的情况下可考虑用两套 6 合 1 系统替代一套 12 合 1 系统。

3）无源 WDM 系统的传输距离计算方法

光传输距离的限制因素主要有色散和衰减两方面。由于色散对前传距离的影响可折算为光模块的发送和色散代价（Transmitter and Dispersion Penalty，TDP），以衰减形式体现，所以计算 5G 前传受限距离时只需考虑功率衰减的影响即可。由于 DU/BBU 与 AAU/RRU 间的光缆网一般是结构复杂的 ODN（Optical Distribution Network，光分配网），故 DU 和 AAU 间的光功率预算除考虑光缆线路的长度因素外，还要充分考虑光链路中 OTM

和各种活接头的插损影响。

4）无源 WDM 系统使用中的其他注意事项

无源 WDM 系统在使用中应注意以下两点：

（1）彩光模块只能同一波长成对使用，不同波长的彩光模块不能互换。

（2）不同厂商的彩光模块光功率参数有一定差异，应尽量避免混用不同厂商的彩光模块。

2. 有源 WDM 前传方案

有源 WDM 前传方案采用小型化的有源 OTN 设备对 CPRI/eCPRI 进行业务收敛和传输，也称为有源 OTN 方案（或有源 WDM/OTN 方案）。

此方案需在机房侧建设 OTN 局端设备，DU/BBU 的 CPRI/eCPRI 只需配置与波长无关的白光模块并与 OTN 局端设备的支路口对接，各支路口信号经 OTN 设备交叉整合封装在线路侧容器中，并从线路口输出，经光缆网连接天面拉远端的远端 OTN 设备，可按需组成点对点链状网络或多点环网。天面拉远端配置小型化的远端 OTN 设备，在完成线路侧信号的解复用后，将信号通过支路侧白光接口与 RRU/AAU 对接，完成信号传输。有源 WDM 系统原理如图 7-8 所示。

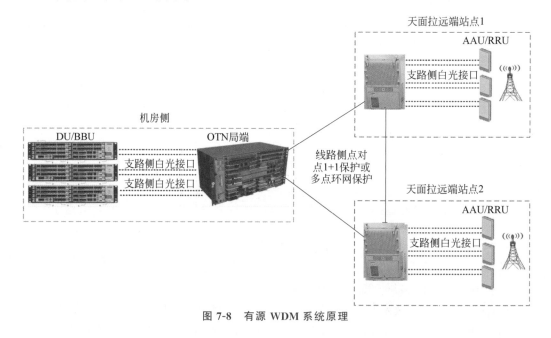

图 7-8　有源 WDM 系统原理

常见的集成式小型化系统线路侧最大容量为 150Gb/s，可支持 3×25Gb/s eCPRI（5G 新建）＋ 9×10Gb/s CPRI（4G 改造）。

有源 WDM 前传方案的优点如下：

（1）可以为前传光口提供类型丰富的保护倒换机制，提高网络安全性；同时可以提供完善的网管监控功能，提高前传网络的可维护性。

（2）采用与波长无关的支路接口承载业务，DU/BBU、AAU/RRU 业务端均无须配置彩光模块，便于建设和维护。

（3）支路分离，通过配置不同的支路端口/板件可兼顾其他类型业务的承载。

（4）具有成熟、完善的线路侧接口,可适应长距离传输的场景。

有源 WDM 前传方案的缺点如下:

（1）成本高昂。25Gb/s 支路光口价格较高,整套系统价格数倍于无源 WDM 前传系统。

（2）需安装有源设备,对电源容量和装机空间均有一定要求。尤其天面拉远端的供电和运行环境较为恶劣,OTN 设备长期稳定运行的能力尚待检验。

（3）有源设备引入了额外的处理时延,对 uRLLC 类业务有一定影响。

因此,有源 WDM 系统主要应用在某些对安全性、可维护性有特殊要求的重要站点,不宜大范围推广使用。

3. 半有源 WDM 前传方案

为了将无源 WDM 前传方案低成本、低时延和有源 WDM 前传方案安全性高、可管控的优势结合起来,又出现了半有源 WDM 前传方案。所谓半有源,即在上端 DU/BBU 侧部署有源设备,包含光功率检测模块和 1×2 光开关;在远端 RRU/AAU 侧部署无源设备,包含功率比为 50∶50 的一分二耦合器。半有源 WDM 系统原理如图 7-9 所示。

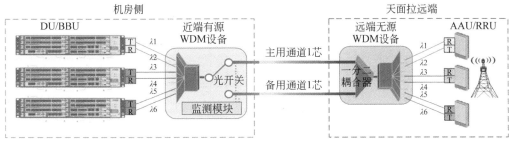

图 7-9 半有源 WDM 系统原理

半有源 WDM 系统可实现光线路保护（Optical Line Protection,OLP）功能,采用 1 主 1 备 2 芯光纤传输,在局端侧采用选发选收的模式,在拉远端采用双发双收的模式。发送光信号经主备线路同时发送到对端,接收端根据接收到的两路信号的功率选择接收其中一路信号。一旦主用线路的光纤发生故障,主用线路的接收端检测到信号的功率异常下降或丢失后,自动将传输信号切换到备用线路。系统可实现保护倒换时间小于 20ms,满足电信级安全要求。

半有源 WDM 前传方案的特点如下:

（1）继承了无源 WDM 系统业务透明、速率透明、即插即用等易用性特点。

（2）具备高可靠性,支持 1+1 线路保护,支持自动或强制保护倒换。DU 侧有源设备断电不影响业务;AAU 侧为纯无源设备,无须接电,系统安全性高。

（3）提高了网管监控能力,支持各彩光波道和线路侧的光功率监测及告警管理。支持可视化的网络及资源管理、故障管理功能,支持网元拓扑、站点及路由管理。

半有源 WDM 前传方案集成了无源 WDM 前传方案和有源 WDM 前传方案的优点,在成本、安全性、易用性之间取得了较好的平衡,是未来一种较为理想的前传方案。

7.2.4 前传方案对比及选择建议

综上所述,4 种前传方案对比如表 7-4 所示。

表 7-4　4 种前传方案对比

方案类型	方案要点	组网方式	保护能力	接入容量	接口类型	光模块功耗/W	前传设备功耗/W	造价	时延/μs	工程部署	管理运维难度
光纤直驱	RRU 与 BBU 间光纤直连	点到点组网	无保护能力	一对光纤，一路业务	灰光模块	10Gb/s: 1.0 25Gb/s: 1.5		距离决定		需新部署 AAU 到 DU 的光缆	无法监控
无源 WDM	RRU/BBU 间 CWDM模块+合分波器	点到点组网、链式组网	无保护能力	常用 12 波，即 6 路 CPRI 业务	彩光模块	10Gb/s: 1.0 25Gb/s: 1 ~ 1.6	0	低	<5	即插即用，快速开通	无法监控
有源 WDM	RRU/BBU 间有源 WDM 连接	点到点组网、链式组网	支持 1+1 保护	线路侧最大 150Gb/s，支持 6×25Gb/s ＋9×10Gb/s CPRI	灰光模块	10Gb/s: 1.0 25Gb/s: 1.5	65	高	100~200	需考虑传输资源和电源规划	故障快速定位和管理
半有源 WDM	RRU/BBU 间 CWDM 模块＋合分波器＋OLP	点到点组网、链式组网	支持 1+1 保护	常用 12 波，即 6 路 CPRI 业务	彩光模块	10Gb/s: 1.0 25Gb/s: 1 ~ 1.6	15	中	<20	局端需考虑电源规划	局端有一定管理能力

前传方案的选择建议如下:

(1) 对于新建站场景,除非未来前传 WDM 系统造价下降至大幅低于较大芯数(如 48 芯)光缆与小芯数(如 24 芯)光缆的造价差,由于光纤直驱在建设和维护难度、时延等方面具有明显优势,仍建议优先选用光纤直驱方案建设较大芯数的前传接入光缆。

(2) 在需利用现有光缆且纤芯不足的共址站场景下,建议选用无源 WDM 系统。待半有源 WDM 系统产业链成熟后,也可在部分有安全保障需求的场合使用。

(3) 有源 WDM 系统建议仅在部分对安全性和 OAM 能力有特殊要求或站间距超长的特定场合使用。

7.3　5G 承载网 L3VPN 回传方案

7.3.1　方案概览

5G 网络各逻辑接口的回传承载总体方案如下:

(1) 核心网控制面需承载的业务主要是 N2 接口(基站到 AMF 控制面的接口)和 N4 接口(UPF/PGW-U 与 SMF/PGW-C 之间的接口)。城域网内一般采用增强型分组化传输系统(如中国移动的 SPN、中国电信的 M-OTN、中国联通的增强 IPRAN 等)承载,骨干层面(含省内/省际骨干)则由 IP 专用承载网承载。

(2) 核心网用户面主要包括 N3 接口(基站与 UPF 间的接口)、N9 接口(UPF 与 UPF 间的接口)和 N6 接口(UPF 与外部公共数据网之间的接口),应根据网元部署位置统筹考虑采用 SPN 等增强型分组化传输系统或外部公共数据网(如中国移动的 CMNET、中国电信的 ChinaNet 等)综合承载。具体如下:

① N3 接口采用 SPN 等增强型分组化传输系统承载。

② N9 接口应结合 UPF/外部公共数据网部署节点位置选择承载方案,优先采用外部公共数据网端到端方案进行承载。

- 对于 UPF 网元部署在县区中心及以上节点机房的场景,采用外部公共数据网承载。
- 对于 UPF 网元部署在县区中心以下节点机房的场景,采用 SPN 等增强型分组化传输系统承载。

③ N6 接口结合业务场景和网络资源选择承载方案,优先采用外部公共数据网端到端方案进行承载.对于外部公共数据网未覆盖区域,采用 SPN 等增强型分组化传输系统网络疏导至县区中心机房后再接入外部公共数据网承载。

5G 承载网回传方案的总体架构如图 7-10 所示。

7.3.2　物理组网设计和业务部署策略

1. 物理组网设计

面向 5G 的承载网包括城域网、省内骨干、省际骨干等多个层次。网络结构可采用环形、口字形、链状和星形等多种组网拓扑。应根据网络规模、业务分布、可扩展性、安全可靠性、管线资源等因素统筹考虑不同层面的拓扑结构。

环上节点数量应根据系统容量、各节点业务量等因素综合考虑,但环上节点不宜过多,便于预留扩容容量并保证业务安全可靠性。

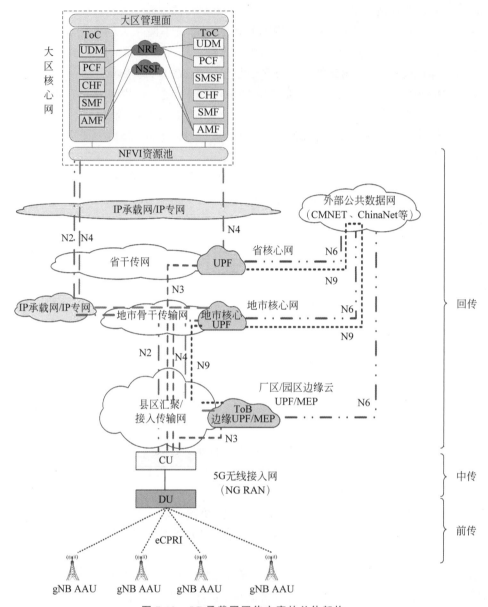

图 7-10　5G 承载网回传方案的总体架构

　　省内骨干层系统宜采用口字形结构组网。线路速率根据业务需求和设备支持情况宜采用 200GE、100GE 或 $N \times 100GE$ FlexE 接口组网。

　　核心节点部署位置应综合考虑与核心网 UPF 对接、与数据网 CE 对接、机房条件等多种因素，为了确保网络的扩展性、灵活性和安全性，可在与其他专业对接点配置落地设备。落地设备一般成对部署。当只有一对对接节点时，优先选用异地双节点分离部署；当部署两对对接设备时，优先选用不同机房各部署一对落地设备。对于大型城域网或对灵活性要求较高的城域网，可在落地设备与县区中心节点设备间增加调度层，便于随着业务节点/对接节点的调整而不断扩展落地设备的同时保持下层网络架构基本不变，如图 7-11 所示。对于小型城域网，也可不设置核心设备，直接连接至落地设备组成全 Mesh 架构，如图 7-12 所示。

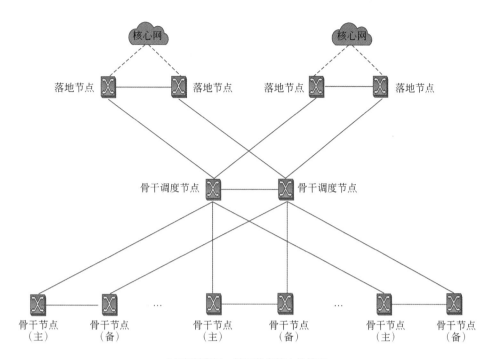

(a) 有调度层，骨干节点较少的情况

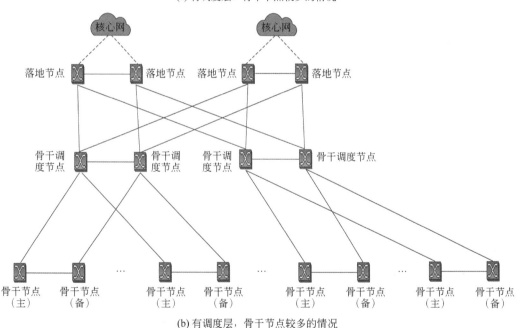

(b) 有调度层，骨干节点较多的情况

图 7-11　大型城域网核心层组网结构

在城域网骨干层，县区中心节点和地市骨干节点间宜采用口字形相联，如图 7-13 所示。

城域网汇聚层宜采用口字形或环形结构。每个汇聚环应双归到两个县区中心节点，每个汇聚环上的汇聚点数量宜控制为 4～6 个（不含局端），如图 7-14 所示。

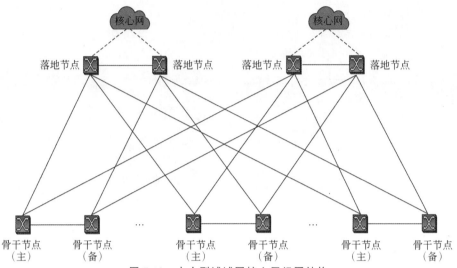

图 7-12 中小型城域网核心层组网结构

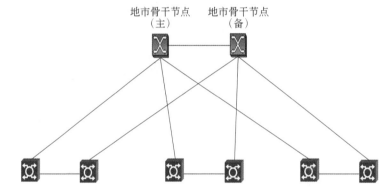

图 7-13 城域网骨干层组网结构

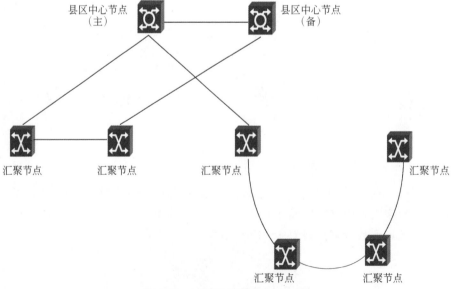

图 7-14 城域网汇聚层组网结构

城域网接入层可采用环形、链状和星形等结构,可综合考虑部署方式、部署规模、建设成本、业务需求组建 10GE、50GE 或 100GE 网络。其中,当采用 50GE/100GE 组建系统时,宜采用 FlexE 接口组网,同时应兼顾时间同步精度、业务量发展需求、网络安全等因素,合理规划接入环上节点数量,以 2～8 个为宜,单个接入环上承载的基站数量不宜过多,一般不超过 40 个。接入环宜双挂到同一汇聚环的两个汇聚点(建议为相邻节点)上。对于供电不稳定等影响环网安全的站点不宜纳入环网。CRAN 机房的接入设备应确保成环且无物理同路由,并双挂汇聚节点,接入设备关键板件(电源、交叉、主控等)应配置双路热备。

接入层组网时还应特别注意,接入环不得跨 IGP 域组网。以每个汇聚环划分为一个 IGP 域,骨干层单独划域的场景为例,有 7 种禁止的组网模式和 4 种允许的组网模式,如表 7-5 所示。

表 7-5　接入层禁止和允许的组网模式

禁止的组网模式		允许的组网模式	
编号	描　　述	编号	描　　述
1	接入环跨接核心落地设备和骨干汇聚环		
2	接入环跨接不同骨干汇聚环	9	接入环跨接同一对县区中心节点 SPE
3	接入环跨接不同骨干汇聚环的普通汇聚环		
4	接入环跨接不同 IGP 域的汇聚环	8	接入环跨接同一汇聚环
5	接入环跨接骨干汇聚环和接入环	10	接入环跨接同一汇聚环下的接入环
6	接入环跨接骨干汇聚环和普通汇聚环		
7	县区中心节点 SPE 直挂基站	11	骨干汇聚环 SPE 下挂一台接入层 UPE,由其连接基站

接入层组网的禁止与允许模式如图 7-15 所示,其中的号与表 7-5 对应。

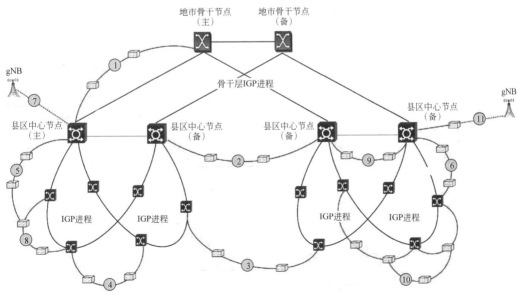

图 7-15　接入层组网的禁止与允许模式

2. 业务部署模型

1) 接入层的业务部署模型

在业务适配层,采用 HoVPN(Hierarchy of VPN,分层 VPN)的 L3VPN 分层模型承载 5G 业务,在县区中心节点进行业务分层,UPE 为业务接入点(接入点、普通汇聚点),SPE 为业务分层点(县区中心节点),NPE 为业务落地点(城域核心点)。L3VPN 分层模型如图 7-16 所示。

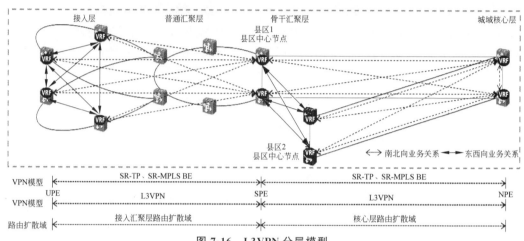

图 7-16　L3VPN 分层模型

在分组转发层,使用 SR-TP 隧道承载基站与核心网间的南北向业务,并配置 SR-TPAPS 保护;使用 SR-MPLS BE 隧道承载基站间的东西向业务,并配置 SR-BE Ti-LFA 保护。L3 到接入场景下的基站业务配置模型如图 7-17 所示。

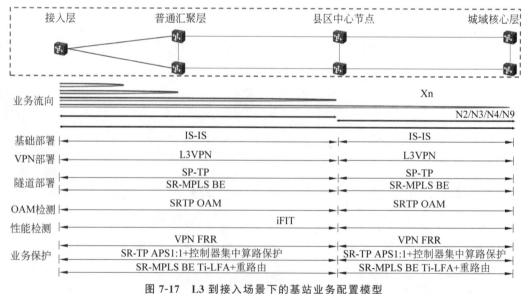

图 7-17　L3 到接入场景下的基站业务配置模型

2) 核心层 L3VPN 的业务部署模型

核心层部署 5G L3VPN 业务,分层点为县区中心节点,包含城域核心落地设备、调度设备、县区中心设备等,并将之加入核心层路由扩散域。根据业务需要,使能 IPv6 功能(使能 IPv6 功能后支持 IPv6 和 IPv4 转发,IPv6 和 IPv4 使用相同的隧道和 VRF 标签)。

5G 业务的路由迭代隧道策略是:优先选用 SR-TP,其次选用 SR-MPLS BE。

(1) 隧道部署(含隧道保护)。

- 县区中心节点部署到所有城域核心节点的 SR-TP 隧道并将隧道绑定 5G L3VPN 业务。
- 如果部署了单独的县区骨干汇聚落地设备,同一区域的县区中心节点设备与骨干汇聚落地设备之间部署 SR-TP 隧道并将隧道绑定 5G L3VPN 业务。
- 城域核心保护对之间部署 SR-TP 隧道并将隧道绑定 5G L3VPN 业务,县区中心节点对之间部署 SR-TP 隧道并将隧道绑定 5G L3VPN 业务。节点保护对主备节点间部署的 SR-TP 隧道使能防环功能。
- 核心层所有节点之间由协议自动生成 SR-MPLS BE 隧道。

(2) 业务部署。

- 城域核心节点部署到 5G 核心网的明细路由/网段路由,控制器自动计算并扩散该路由。
- 县区中心节点部署到县区 UPF 的静态路由,控制器自动计算并扩散该路由。

(3) 业务保护。

UPE、SPE、NPE 之间通过控制器自动发布路由,基于相同目的地、不同下一跳的高低优先级路由自动生成 VPN FRR 保护。UPE 与 SPE 之间、SPE 与 NPE 之间、NPE 与 PE 之间配置 SR-TP APS 保护。

核心层 L3VPN 业务部署方案如图 7-18 所示。

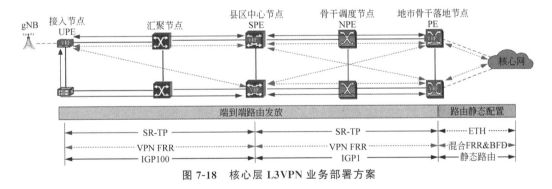

图 7-18 核心层 L3VPN 业务部署方案

7.3.3 5G 承载网基础带宽规划设计

1. 5G 基站/接入环带宽测算及配置

根据 NGMN(Next Generation Mobile Networks,下一代移动通信网)组织的带宽规划原则:

(1) 单站峰值带宽=单扇区峰值+$(N-1)×$扇区均值,其中 N 是基站扇区数。

(2) 单站平均带宽=单扇区均值 $*N$。

(3) 接入环带宽=单站峰值+$(M-1)×$单站均值,其中 M 是接入环上的基站数。

现网常见制式/站型的无线基站的理论均峰值带宽需求如表 7-6~表 7-8 所示。

表 7-6　5G 无线基站的理论均峰值带宽需求

站型	带 宽 类 型	2.6GHz (160MHz)	2.6GHz (100MHz)	4.9GHz (3U1D)	4.9GHz (1U3D)	700MHz (2×30MHz)
S1	平均带宽/(Mb/s)		1200	1250	1850	110
	峰值带宽/(Mb/s)		5100	2750	5180	350
S111	平均带宽/(Mb/s)		3600	3750	5550	330
	峰值带宽/(Mb/s)		7500	5250	8880	570
室分站型 O1	平均带宽/(Mb/s)		500			
	峰值带宽/(Mb/s)		1600			
室分站型 O2	平均带宽/(Mb/s)	750				
	峰值带宽/(Mb/s)	2500				

表 7-7　4G FDD 无线基站的理论均峰值带宽需求

类 别	站型	带 宽 类 型	20MHz	15MHz	10MHz	5MHz
宏基站	S111	平均带宽/(Mb/s)	80	60	40	20
		峰值带宽/(Mb/s)	450	330	220	110
	S11	平均带宽/(Mb/s)	60	45	30	15
		峰值带宽/(Mb/s)	300	220	150	75
3D-MIMO 基站	S111	峰值带宽/(Mb/s)	1120	840	560	280
室内覆盖基站	O1 单路	平均带宽/(Mb/s)	40	30	20	10
		峰值带宽/(Mb/s)	75	55	37	18
	O1 双路	平均带宽/(Mb/s)	60	45	30	15
		峰值带宽/(Mb/s)	150	110	75	37

表 7-8　4G TDD 无线基站的理论均峰值带宽需求

类 别	站 型	带宽/(Mb/s)
宏基站	S111	平均带宽 60
		峰值带宽 330
	S11	平均带宽 40
		峰值带宽 220
	S222	平均带宽 120
		峰值带宽 660
3D-MIMO 基站	S111	峰值带宽 1120

基于以上数据，可以根据不同场景下接入环下挂的基站类型和数量进行带宽需求测算。典型场景下的示例如表 7-9。

表 7-9　典型场景下接入环带宽需求测算示例

场景	场景设定	接入环承载基站总数			单站带宽需求/(Mb/s)	总带宽需求/(Mb/s)
密集城区场景	• 传输节点数：5 个； • 每个传输节点下挂 5 个 5G 宏站和 5 个 4G 宏站； • 每个环接入 3 个室分站点； • 每种类型站点有一个流量达峰	5G 宏站（2.6GHz/S111）	达平均带宽的站数	24	3600	96 540
			达峰值带宽的站数	1	7500	
		4G 宏站（20MHz/S111）	达平均带宽的站数	24	80	
			达峰值带宽的站数	1	450	
		4G 室分站	达平均带宽的站数	2	60	
			达峰值带宽的站数	1	150	
一般城区场景	• 传输节点数：4 个； • 每个传输节点下挂 3 个 5G 宏站和 3 个 4G 宏站； • 每个环接入 2 个室分站点； • 每种类型站点有一个流量达峰	5G 宏站（2.6GHz/S111）	达平均带宽的站数	11	3600	48 640
			达峰值带宽的站数	1	7500	
		4G 宏站（20MHz/S111）	达平均带宽的站数	11	80	
			达峰值带宽的站数	1	450	
		4G 室分站	达平均带宽的站数	1	60	
			达峰值带宽的站数	1	150	
乡村场景	• 传输节点数：5 个； • 每个传输节点下挂 2 个 5G 宏站和 3 个 4G 宏站； • 每种类型站点有一个流量达峰	5G 宏站（2.6GHz/S111）	达平均带宽的站数	1	3600	8380
			达峰值带宽的站数	0	7500	
		5G 宏站（700MHz/S111）	达平均带宽的站数	8	330	
			达峰值带宽的站数	1	570	
		4G 宏站（20MHz/S111）	达平均带宽的站数	14	80	
			达峰值带宽的站数	1	450	

根据以上测算，在 5G 业务进入成熟期后，密集城区场景可考虑采用 100GE 组网，一般城区可考虑采用 50GE 组网，乡村场景可考虑采用 10GE 组网。

需注意的是，上述测算均是基于无线网络的理论承载能力考虑的。然而，在实践中，尤其是建网初期，由于新网络的用户渗透率不高、缺乏成熟应用等因素，影响某站点实际流量更主要的因素是用户行为而不是网络能力。因此，在 5G 业务推广初期，流量较低的系统环路一般不存在拥塞，单站的保证带宽（即承诺信息速率，Committed Information Rate，CIR）不宜配置过高，建议在实际网络应用中按照单站 20Mb/s 配置（或暂不配置），后期可根据流量增长情况按需定期调整。对于采用 SPN 切片承载的业务，当业务采用独享 FlexE 切片时，按时隙颗粒绑定带宽；当业务采用共享 FlexE 切片时，按实际需求配置保证带宽。

同理，接入层设备组网也不宜盲目追求一步到位，建议采取"平台能力适度超前，板件接口按需配置"的策略，即按照网络终期的能力需求选择设备平台，保证其充足的升级扩展能力；但在端口数量、线路速率等方面应根据中近期业务需求进行配置，以免初期建设投资过大或因业务量/网络规划偏差导致大规模投资浪费。例如,城区接入环速率初期可按50GE/10GE 考虑,待用户渗透率提升、应用成熟、流量增长到一定门限后,再通过升级或叠环等方式进行扩容。

2. 骨干汇聚层网络带宽测算及配置

由于分组传送网的统计复用效应,在进行流量估算时应考虑一定的收敛比。网络层级越高,覆盖的样本数(站点数)就越多,其统计复用的效应越明显,收敛比越高;反之,网络层级越低,覆盖的样本数越少,其统计复用的效应越不明显,收敛比越低。一般建议接入层、汇聚层、骨干层的收敛比为 8∶2∶1。即汇聚环带宽可按照其所带接入环总带宽的 2/8 考虑,骨干层(县区中心-地市核心)的带宽可按照该县区所有接入环的 1/8 考虑。

汇聚层理论带宽需求算例如下:

- 中心城市密集城区按每个汇聚环下挂 10 个接入环计,则理论带宽为 96.5×10×2/8 ≈241Gb/s。
- 一般城区及县城按每个汇聚环下挂 10 个接入环计,则理论带宽为 48.6×10×2/8＝121.5Gb/s。
- 一般乡镇农村按每个汇聚环下挂 8 个接入环计,则理论带宽＝8.4×8×2/8＝16.8Gb/s。

汇聚层线路速率配置建议:与接入层的情况类似,在实际网络规划建设中应根据汇聚环覆盖区域的业务量采用合适的组网方案。中心城市密集城区宜采用环网或口字形结构配置 200GE 线速;一般城区及县城初期可组建 100GE 系统,后期随着业务量的增加,可调整网络结构或扩容为 $N×100GE$ 系统。

县区中心节点到城域核心建议采用 200GE 或 $N×100GE$ 线路速率口字形组网。

核心层组网带宽基于核心网带宽需求进行规划,一般可按照每个 5G 用户 500kb/s 进行规划。

城域核心 UNI 接口带宽要求大于或等于核心网带宽需求,建议采用 $N×100GE(N≥1)$ 与核心网、省干、IP 专网等进行对接。

城域核心主备节点互连带宽应大于或等于核心网带宽需求×(1＋10％)/(1－5％)(10％的开销流量,5％的 Xn 接口流量),建议采用 200GE 接口组网。

7.3.4 分层 L3VPN 部署方案

1. 分层 L3VPN 部署方案简介

如前所述,5G 时代核心网可以实现灵活的下沉部署,纵向链路 N2/N3 接口实现了分层终结、灵活归属。与此同时,基站间的 eX2 电路也比 4G 的 X2 电路流量更大,流向也更复杂。因此,5G 承载网必须能够满足动态灵活连接的需求。

据网络现状的不同,可以选用分层 L3VPN 部署方案,如图 7-19 所示。

新建增强型分组传输系统承载 5G 业务时应优先采用动态 L3 到接入层的部署方案,实现电路端到端的统一管控和业务切片功能。

2. L3VPN 设计原则

L3VPN 设计的基本原则是:应简单可靠,避免维护大量的明细路由。

L3VPN 设计原则如下:

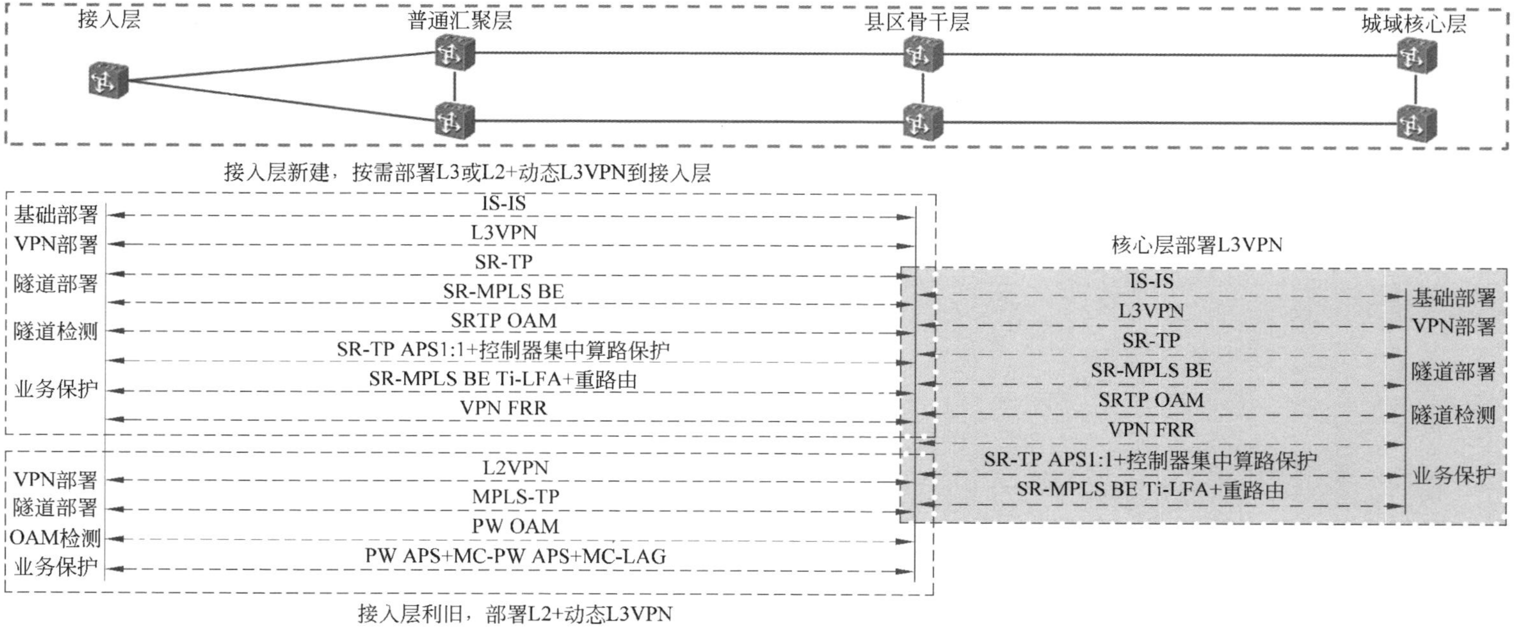

图 7-19 分层 L3VPN 部署方案

（1）L3 到接入层，基站需要部署 30 位掩码的 IPv4 地址或者 127 位掩码的 IPv6 地址。

（2）VPN 分层点建议与 IGP 的分域点保持一致，即将县区中心节点作为 SPE，便于业务部署和维护，可以避免跨 IGP 域的 SR-TP 隧道。

（3）UPE 路由设计采用以下原则：

- 同一路由域的 UPE 之间互相发布明细路由，确保东西向流量就近可达。
- 其他流量全部使用默认路由。
- UPE 维护的 VPN 路由条目只有一条默认路由和本路由域内其他 UPE 的明细路由。

（4）SPE 路由设计采用以下原则：

- 为了降低 SPE 和 NPE 节点的路由条目，SPE 将下挂的 UPE 引入的基站路由聚合，向 NPE 和其他 SPE 发布，建议 64 条明细路由聚合为一条路由。
- 大部分普通汇聚点只需要一条规划聚合路由。如果下挂基站数量超过了 64 个，则需要再增加聚合路由。
- SPE 从 NPE 学习到核心网路由后，不再向其他 UPE 和 SPE 发布，只向 UPE 发布一条默认路由。

（5）NPE 路由设计采用以下原则：

- NPE 配置指向 5G 核心网的静态路由，并将此静态路由发布给路由域内的其他 SPE。
- 核心网侧的路由不进行聚合。

（6）5G 与核心网对接方案与 4G 类似，通过静态路由对接。部署混合 FRR 保护。主用路由直接指向核心网互联接口；备用路由通过 SR-TP 隧道承载，指向相邻 NPE 节点。

3. 路由协议的部署

L3VPN 的路由协议采用 IS-IS 协议。IS-IS 是一种链路状态协议，属于内部网关协议，用于自治系统内部，主要用于实时搜集网络拓扑状态，并扩展生成 SR-MPLS BE 隧道以及 Ti-LFA 保护。

设备通过运行 IS-IS 协议，实时搜集所处 IS-IS 域内的网络拓扑（包含节点、链路）信息，设备可基于该拓扑信息自动生成 SR-MPLS BE 隧道以及 Ti-LFA 保护。设备可将该拓扑信息通过相关协议反馈给控制器，控制器基于拓扑信息进行 SR-TP 隧道算路。控制器可基于设备的 LSR ID，将多个 IS-IS 域拓扑拼接成一张完整的网络拓扑。IS-IS 域的分域点与 VPN 的分域点保持一致。

4. SR-TP 隧道路径规划

SR-TP 隧道路径规划原则如图 7-20 所示。

（1）SR-TP 隧道路径工作保护分离，路径不绕行不相干的环。对应图 7-20 中的①～③，分述如下：

① 接入点到县区中心节点的 SR-TP 隧道：工作隧道不经过骨干汇聚互联链路，保护隧道经过骨干汇聚互联链路，不绕行其他接入环、汇聚环。

② 普通汇聚到县区中心节点的 SR-TP 隧道：工作隧道优先经过汇聚环，保护隧道经过骨干汇聚互联链路，不绕行接入环。

③ 县区中心节点到城域核心的 SR-TP 隧道：工作隧道不经过城域核心间的互联链路，

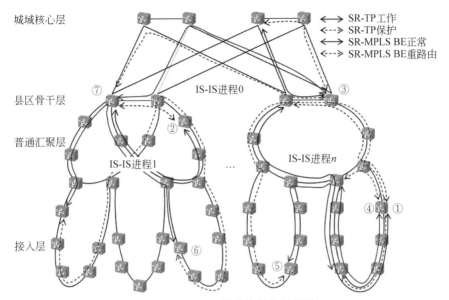

图 7-20　SR-TP 隧道路径规划原则

保护隧道经过城域核心互联链路,不绕行其他城域核心、县区中心节点。

（2）SR-MPLS BE 隧道路径不绕行不相干的环。对应图 7-20 中的④～⑦,分述如下:

④ 接入环内 SR-MPLS BE:优先经过本接入环,重路由绕行汇聚层,不绕行其他接入环。

⑤ 汇聚环内跨接入环 SR-MPLS BE:优先经过汇聚链路,重路由经过县区中心节点对互联链路,不绕行其他接入环、汇聚环。

⑥ 跨汇聚环的 SR-MPLS BE:优先经过汇聚链路短的,重路由经过汇聚链路,尽量不经过县区中心节点对互联链路,不绕行其他接入环、汇聚环。

⑦ 县区中心节点间 SR-MPLS BE:SR-MPLS BE 隧道路径不绕行城域核心互联链路。

5. IGP 域分层分域方法

采用 L3 到接入层组网时,在 5G 传送网中接入层、汇聚层、核心层均采用 SR 隧道方式承载,端到端部署 IGP。为提升网络的安全可靠性,应采用分域方式控制单 IGP 域内网元数量,IGP 分域点选在县区骨干节点或普通汇聚节点。

核心层（县区骨干及以上）划分一个核心 IGP 域,每个汇聚环及下挂的接入设备（含上连的县区骨干对）分别划分一个接入 IGP 域。如果部署 L2＋动态 L3VPN 方案承载 5G 业务,核心层（县区骨干及以上）划分一个 IGP 域。

核心 IGP 域中,所有的城域核心、骨干汇聚设备划分为一个 IS-IS 进程,节点数不超过1024 个。

接入 IGP 域中,县区骨干节点对下挂的每个汇聚环及该汇聚环下挂的接入环部署到一个 IS-IS 进程中,单个进程的节点数不超过 512 个。如果同一对区骨干节点下的两个汇聚环之间存在较多跨汇聚环的接入环且难以整改,可将这两个汇聚环划入同一个 IS-IS 进程,要求该 IS-IS 进程的节点数同样不超过 512 个。

每一对县区骨干节点下挂所有 IGP 域的节点总数不超过 2000 个,否则需要拆分。

省干网络应规划一个独立的 IGP 域。

IGP 域的划分原则如图 7-21 所示。

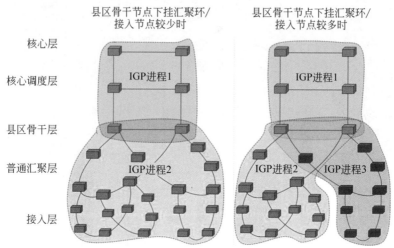

图 7-21　IGP 域的划分原则

7.3.5　省干组网方案

省干核心节点与各地市省干对接设备间一般采用口字形组网,在带宽满足要求的情况下可基于区域环形组网。两台省干设备间可跨机房或同机房,地市设备与对接的省干设备应同机房。为提升可靠性,要求设备方向 1(省干核心侧)、方向 2(主备节点互连)、方向 3(地市本地网侧)不共单板和光缆。省干组网参考模型如图 7-22 所示。

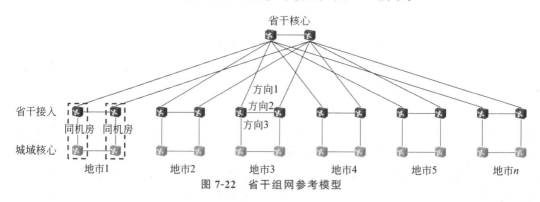

图 7-22　省干组网参考模型

地市设备与省干设备对接端口建议使用大速率(100GE/200GE)端口。省干网络 NNI 组网接口模式支持 FlexE 的单板部署 FlexE 模式(FlexE 接口部署一个客户承载 4G 和 5G 业务),不支持 FlexE 的单板部署普通物理口。普通物理口或 FlexE 端口应按需使能误码检测。

7.3.6　同步方案

基站时钟同步有多种方式可选,包括基站 GPS/北斗同步方案、承载网 IEEE 1588v2 方案等。5G 网络建设应考虑不同同步方式的相互备份,以提升时钟同步的安全性。总体规划原则如下:

(1)一般区域无线基站以 GPS/北斗为主用源,传输网 IEEE 1588v2 时钟为备用源。

（2）对于无法部署 GPS/北斗的无线基站可采用传输网 IEEE 1588v2 时钟为单一时间源。

（3）传输网时钟同步方案中，应采用同步以太网进行频率同步，采用 IEEE 1588v2 进行时间同步。IEEE 1588v2 部署应采用 BC＋OC 的模式。

在时钟传播链中，首末节点应配置为 OC（普通时钟）模式，该模式下的时钟节点只有一个 PTP 端口参与时间同步。首节点从外部时钟源获取时间信息后，经 PTP 端口向下游节点发布时间；末节点从时钟传播链上游节点同步时间信息。时钟传播链上的其他节点应配置为 BC（边界时钟）模式，每个节点配置多个 PTP 端口参与时间同步，一个端口从上游节点同步时间，并通过其他端口向下游节点发布时间。

1. 频率同步

频率同步确保信号之间的频率保持某种严格的特定关系，信号在对应的有效瞬间以同一平均速率出现，以维持通信网络中的所有设备以相同的速率运行，即信号之间保持恒定相位差。传输网应通过部署同步以太网实现物理层频率同步。频率同步总体规划原则如下：

（1）时钟源。原则上 BITS 时钟源在本地网核心机房部署。为安全性考虑，需要在两个核心机房同时部署时钟源。

（2）核心节点。通过外时钟接口或 GE/10GE 业务接口引入时钟源。同一个核心节点建议引入两路基准时钟源，以形成保护。

（3）其他节点。通过同步以太网获取频率同步信息。传输网中的每一台设备都需要选择合适的主从时钟源并配置系统优先级表。对于环形网络中的网元，每一台设备部署两个可选时钟源（不含内部源）；对于链型网络中的网元，跟踪上游时钟节点的时钟源，可通过多条链路形成保护；要合理规划时钟同步网，时钟组网设计要规避保护倒换造成时钟成环的场景（合理配置破环点），启用标准 SSM 协议以避免时钟成环；线路时钟跟踪遵循最短路径要求，即 N 个网元的网络应有 $N/2$ 个网元从一个方向跟踪基准时钟，其余 $N/2$ 个网元从另一个方向跟踪基准时钟源。

2. 时间同步

时间同步就是相位同步，是指信号之间的频率和相位都保持一致，信号之间相位差恒为 0。传输网通过部署 IEEE 1588v2 实现时间同步。时间同步的前提是频率同步，因此，在部署 IEEE 1588v2 时间同步的同时，也必须部署频率同步。

时间同步总体规划原则如下：

（1）时钟源部署原则。应在两个核心节点分别部署主备两个时间服务器作为整个城域网的时钟源。

时间服务器与 PTN/SPN 设备通过外时间接口（1PPS＋TOD）或者 PTP 口（支持 IEEE 1588v2 的端口）引入 BITS 时钟源。其中，采用 1PPS＋TOD 接口时需考虑根据实际电缆长度使用线缆长度补偿功能进行补偿，以提高时间同步性能。不同参考源之间通过配置不同的优先级实现备份。

（2）承载网部署基本原则。

① 承载网一般分为环形、树状、链状、星形等。由于同步需要实现路径保护，建议尽量采用环形组网。在末端可以采用链状组网。

② 承载网内部的时间同步采用 BC 模式，逐点恢复时间；与基站对接侧接口采用 OC 模式（配置为 OC 后，时间通过 1PPS＋TOD 方式传递给基站）。

③ 为了提升时间同步的精度,在实际应用中,汇聚层以上应采用单纤双向方式承载或使用光纤收发不对称补偿功能进行补偿,以避免光纤非对称性问题,保证时间同步性能。接入层可采用单纤双向模式或普通模式。

④ 配置 1588 OAM,选择接入环开端节点通过被动端口传递过来的同步信息与从端口同步时间进行比较,判断时间同步精度。

5G 承载网时钟信号传输方案如图 7-23 所示。

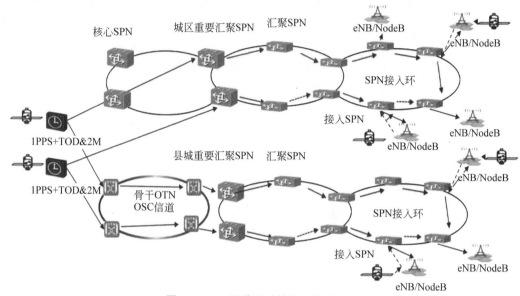

图 7-23　5G 承载网时钟信号传输方案

7.3.7　路由扩散

5G 上下行路由发布与扩散控制方案如图 7-24 所示。

(1) 上行方向:

- 不同网段的基站在 UPE 选择不同的 SPE 作为主路由。例如,网段 1 选择 SPE1 作为主路由,网段 2 选择 SPE2 作为主路由。
- SPE 固定选择 NPE1 为主路由,选择 NPE2 为备路由。

(2) 下行方向:

- 5GC 下行流量采用负载分担方式下行到 NPE。
- NPE 下行方向区分基站网段,选择不同的 SPE 作为主路由。例如,对基站网段 1,NPE1 和 NPE2 均选择 SPE1 为主路由;对基站网段 2,NPE1 和 NPE2 均选择 SPE2 为主路由。
- 上行发布汇聚路由。UPE 发布明细路由给域内其他节点,包括 SPE。SPE 重发布时会将路由汇聚。
- 下行发布默认路由。NPE 将核心网侧明细路由发布给 IGP 域内的其他 SPE 和 NPE。SPE 会向其下挂的接入环所有 UPE 发布默认路由。其他 NPE 收到后认为是核心网侧路由,不再重发布。

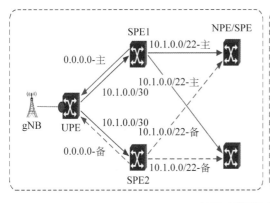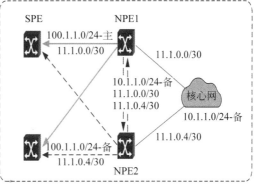

(a) IPv4私网路由发布/扩散控制

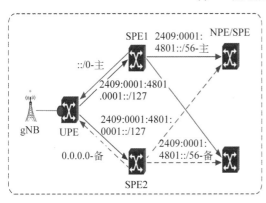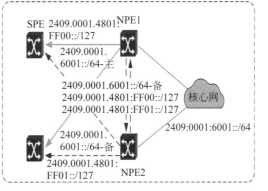

(b) IPv6私网路由发布/扩散控制

图 7-24　5G 上下行路由发布与扩散控制方案

重点小结

城区 5G 前传光缆网的规划建设应在综合业务区和前传网格的框架下,结合无线 CRAN 规划进行考虑。

光纤直驱、无源 WDM、有源 WDM、半有源 WDM 这 4 种前传方案各有优缺点,应根据业务需求及现网资源情况灵活选择。

5G 回传网由增强的分组传送网络、IP 承载网和外部数据网共同组成,协同承载 N2、N3、N4、N6、N9 这 5 种接口。

面向 5G 的传输网包括城域网、省内骨干、省际骨干等多个层次。网络结构可采用环形、口字形、链状和星形等多种组网拓扑。设计中不同层面的拓扑结构应根据网络规模、业务分布、可扩展性、安全可靠性、管线资源等因素统筹考虑,分步实施。

5G 时代核心网可以实现灵活的下沉部署,纵向链路 N2/N3 接口实现了分层终结、灵活归属。与此同时,gNB-gNB 的 eX2 电路也较 4G 的 X2 电路流量更大,流向也更复杂。因此,5G 承载网必须能够满足动态灵活连接的需求。据网络现状的不同,可以选用 L2+动态 L3VPN 或 L3 直接部署到接入层的方案。新建网络时,应优先采用动态 L3 部署到接入层的方案,实现电路端到端的统一管控和业务切片功能。

习题与思考

1. 某地新建了一个占地 4 平方千米的高科技园产业园区。规划新建 5G 基站 90 个、4G 基站 80 个。请为当地运营商规划该区域的光缆网组网方案。

2. 详述 4 种前传承载方案的优劣。

3. 5G 回传涉及 5G 网的哪些逻辑接口？这些接口分别由哪些网络设备进行承载？

4. 5G 回传分组传输网的整体架构是怎样的？试绘制出从接入到省干落地的完整逻辑拓扑图。

5. 5G 回传传输网各层面的保护方式有哪些？

任务拓展

某县区运营商要建设 5G 网络。在不考虑现网资源的情况下，完成以下任务：

（1）请对该区县的城市建成区进行前传网格规划。

（2）请规划该县区的接入层至县区中心节点间的 5G 回传网。

学习成果达成与测评

项目名称	5G 承载网规划		学时	6	学分	0.2
职业技能等级	中级	职业能力	5G 承载网规划设计能力		子任务数	3 个

	序号	评价内容	评价标准			分数
子任务	1	5G 前传光缆网建设方案规划	能够计算各种场景下基站前传光缆纤芯需求，能够描述某一区域基站前传光缆网的规划思路与方案			
	2	基于 WDM 的前传方案应用	熟悉 3 种 WDM 前传方案的优缺点与应用场景，能够根据业务需求提出合理的配置方案			
	3	5G 回传网建设方案规划	能够根据某一地区特点及其 5G 站点规划制订相应的 5G 回传网各层级组网方案			
考核评价	项目整体分数(每项评价内容分值为 1 分)					
	指导教师评语					
备注	奖励： 1. 按照完成质量给予分数奖励，额外加分不超过 5 分。 2. 每超额完成 1 个任务，额外加 3 分。 3. 巩固提升任务完成情况优秀，额外加 2 分。 惩罚： 1. 完成任务超过规定时间扣 2 分。 2. 完成任务有缺项，每项扣 2 分。 3. 任务实施报告与事实不符，个人杜撰或有抄袭内容，不予评分。					

学习成果实施报告书

题目：5G 承载网规划要点总结

班级：　　　　　　　　姓名：　　　　　　　　学号：

任务实施报告

　　简要记述完成任务过程中的各项工作，描述任务规划以及实施过程、遇到的重难点以及解决过程，总结 5G 承载网建设中的规划要点等。字数要求不低于 800 字。

考核评价（按 10 分制）	
教师评语：	态度分数：
	工作量分数：
考核评价规则	

1. 任务完成及时。
2. 操作规范。
3. 实施报告书内容真实可靠、条理清晰、文字流畅、逻辑性强。
4. 没有完成工作量扣 1 分。抄袭扣 5 分。

参考文献

［1］ 黄蓉，王友祥，刘珊. 5G RAN 组网架构及演进分析［J］. 邮电设计技术，2018(11)：1-6.

［2］ 王敏，陆晓东，沈少艾. 5G 组网与部署探讨［J］. 移动通信，2019，43(1)：7-14.

［3］ 王霄峻，曾嵘. 无线网络规划与优化［M］. 北京：人民邮电出版社，2020.

［4］ 网优雇佣军. 5G 前传那些事［EB/OL］.［2021-06-23］. https://baijiahao. baidu. com/ s? id＝1703360761534515784&wfr＝spider&for＝pc.

［5］ 赵越. 一文看懂 5G 网络(接入网＋承载网＋核心网)［EB/OL］.［2019-06-18］. https://mp.weixin.qq. com/s/G8tnIVjjMJhdReXTpa_C0g.

［6］ 鲁瞳西. 5G 承载网从入门到放弃［EB/OL］.［2021-07-02］. https://blog.csdn.net/ qq_38987057/ article/details/118425646.

［7］ 马亚燕. 5G 承载网络切片实现方法及应用［J］. 江苏通信，2021(8)：9-12,17.

［8］ 华为技术有限公司. 灵活以太网容量更新方法、装置、系统、网元和存储介质：中国，201711489746.9 ［P］. 2020-12-01.

［9］ COCOgsta. 一文读懂 Flex Ethernet(FlexE)技术［EB/OL］.［2022-02-10］. https://blog.csdn.net/ guolianggsta.

［10］ 鲜枣课堂. 5G 承载里的 FlexE，到底是什么［EB/OL］.［2021-07-29］. https://blog.csdn.net/qq_ 38987057/article/details/104026397.

［11］ 尹远洋，林贵东，杨广铭，等. 面向 5G STN 承载网络 FlexE 切片技术［J］. 电信科学，2021，37(07)：126-133.

［12］ 武柯馨. FlexE over WDM 网络可靠性传送与资源效率提升技术的研究［D］. 北京：北京邮电大学，2021.

［13］ 徐犇. FlexE 在 SPN 中的应用研究［D］. 武汉：武汉邮电科学院，2020.

［14］ IETF. RFC 2764：A Framework for IP Based Virtual Private Networks［S］. IETF，February 2000.

［15］ IETF. RFC 2917：A Core MPLS IP VPN Architecture［S］. IETF，September 2000.

［16］ IETF. RFC 4026：Provider Provisioned Virtual Private Network(VPN) Terminology［S］. IETF，March 2005.

［17］ 华为技术有限公司. VRP 配置指南：IP 路由 5.90-01_01［EB/OL］.［2012-01-16］. https://support. huawei. com/carrier/docview! docview? nid ＝ SC0000697685&path ＝ PBI1-C103367/PBI1-C103368/PBI1-C103374/PBI1-C103386.

［18］ 华为技术有限公司. IP 新技术专题［EB/OL］.［2018-03-20］. https://support.huawei.com/carrier/ docview? nid＝DOC1000432533.

［19］ 中华人民共和国工业和信息化部. 切片分组网(SPN)总体技术要求：YD/T 3826—2021［S］. 2021.

［20］ 中华人民共和国工业和信息化部. 5G 网络切片 基于切片分组网络(SPN)承载的端到端切片对接技术要求：YD/T 3974—2021［S］. 2021.

［21］ IETF. RFC 5440：Path Computation Element(PCE) Communication Protocol(PCEP)［S］. IETF，March 2009.

［22］ IETF. RFC 4657：Path Computation Element(PCE) Communication Protocol Generic Requirements ［S］. IETF，September 2006.

［23］　IETF. RFC 7752：North-Bound Distribution of Link-State and Traffic Engineering（TE）Information Using BGP［S］. IETF，March 2016.

［24］　华为技术有限公司. NE05E，NE08E V300R003C10SPC500 配置指南［EB/OL］.［2015.09.23］. https://support. huawei. com/carrier/docview! docview？ nid ＝ SC0000234229&path ＝ PBI1-C103367/PBI1-C103368/PBI1-C103374/PBI1-C103386.

［25］　华为技术有限公司. NE40E-M2K V800R012C10SPC300 产品文档［EB/OL］.［2021.06.19］. https://support.huawei.com/hedex/hdx.do？ docid＝DOC1100733075.

［26］　华为技术有限公司. Huawei SRG1300&SRG2300&SRG3300 系列企业路由器 V300R003NETCONF YANG API 参考［EB/OL］.［2019.04.27］. https://support. huawei. com/carrier/docview？ nid ＝ DOC1101009231.

［27］　中华人民共和国工业和信息化部. 软件定义分组传送网（SPTN）总体技术要求：YD/T 3415—2018［S］. 2018.

［28］　无线深海. 一文详解时钟同步的组网方式［EB/OL］.［2020-10-18］. https://www.elecfans.com/d/1335075.html.

［29］　浙江华为通信技术有限公司. 5G 承载网技术及部署［EB/OL］.［2020-12-21］. https://max. book118.com/html/2023/0109/8126025017005027.shtm.

［30］　陶源，吴婷. 5G 高精度时间同步组网方案研究［J］. 邮电设计技术，2021（1）. DOI：10.12045/j.issn. 1007-3043.2021.01.016.

［31］　赵柯. LTE 与 5G 移动通信技术［M］. 西安：西安电子科技大学出版社，2020.

［32］　山东中兴教育咨询有限公司. 5G 移动通信技术［M］. 西安：西安电子科技大学出版社，2020.

［33］　啜钢，王文博，常永宁，等. 移动通信原理与系统［M］. 4 版. 北京：北京邮电大学出版社，2019.

［34］　罗成，程思远，江巧捷，等. 5G 移动通信关键技术与规划［M］. 北京：人民邮电出版社，2019.

［35］　赵新胜，陈美娟. 5G 承载网技术及部署［M］. 北京：人民邮电出版社，2021.